什么是麦克斯韦方程组

长尾君◎著

清华大学出版社
北京

图书在版编目（CIP）数据

什么是麦克斯韦方程组／长尾君著．—北京：清华大学出版社，2023.7（2024.8重印）
ISBN 978-7-302-63925-1

Ⅰ．①什…　Ⅱ．①长…　Ⅲ．①麦克斯韦尔方程　Ⅳ．①O175.27

中国国家版本馆 CIP 数据核字(2023)第 108998 号

责任编辑：胡洪涛　王　华
封面设计：傅瑞学
责任校对：赵丽敏
责任印制：沈　露

出版发行：清华大学出版社
　　　　网　　址：https://www.tup.com.cn，https://www.wqxuetang.com
　　　　地　　址：北京清华大学学研大厦 A 座　　邮　　编：100084
　　　　社 总 机：010-83470000　　　　邮　　购：010-62786544
　　　　投稿与读者服务：010-62776969，c-service@tup.tsinghua.edu.cn
　　　　质量反馈：010-62772015，zhiliang@tup.tsinghua.edu.cn
印 装 者：北京嘉实印刷有限公司
经　　销：全国新华书店
开　　本：145mm×210mm　印　张：5.75　字　数：132 千字
版　　次：2023 年 7 月第 1 版　印　次：2024 年 8 月第 5 次印刷
定　　价：49.00 元

产品编号：097702-01

总　序

2018 年 5 月,当我在公众号写下第一篇关于相对论的科普文章时,不会想到有一天我的文字会以纸质书的形式出现,更加想不到不只出版一本,而是会有一个系列。

其实,早在 2019 年 2 月,清华大学出版社的胡编辑就找到我,说相对论系列的文章写得不错,问我是否考虑出书。那时候我的文章还都是一些短文,质量也一般(相对后来的主线长文来说),因此就拒绝了。

我的第一篇长文是从谈"宇称不守恒"开始的。一开始我也没打算把文章写得特别长,只是发现为了把宇称不守恒讲清楚,就需要费不少笔墨。然后这篇文章就火了,它在知乎被推上热榜,在微信公众号被很多"大号"转载,阅读量也随之暴涨,我突然发现原来这种深度长文还是很受欢迎的。于是趁热打铁,继续科普杨振宁先生更加重要的杨-米尔斯理论,然后这篇文章就更火了。因为杨振宁先生和清华大学的关系非同一般,所以这两篇文章在清华大学传播得还挺广,随后胡编辑就"二顾茅庐"了。

经此一役,我彻底确定了自己的文风。我发现与其为了追求更新频率写一些短文,还不如花精力把一个问题彻底讲透,打磨一篇长文。虽然文章的更新频率降低了,但文章质量却有了极大的提高,影响力也更大了,我称这种高质量长文为"主线文章"。

与此同时,我发现了一件更加重要的事:当我试图把一个问题彻底讲清楚,特别是想给中小学生也讲清楚的时候,文章的语言就必须非常通俗,逻辑就必须非常缜密,这个过程会倒逼我把问题想得非常清楚。因为你只要有一点想不明白,科普的时候就会发现难以说清楚,问题也就暴露出来了,于是我们就可以针对这一点继续学习。如果没有这个过程,我们无法知道自己到底哪里不懂,学的时候感觉都懂了,一考试又不会,跟别人讲也讲不清楚。这种以输出倒逼输入,以教促学,能极大提高自己学习效率的方法在《礼记·学记》里叫"教学相长",在现代有一个很时髦的名字叫"费曼学习法"。

从此以后,我就迷上了写这种主线长文。2019年5月,我写了第一篇关于相对论的主线文章。因为爱因斯坦主要是从协调牛顿力学和麦克斯韦电磁理论的角度创立狭义相对论的,为了把这个过程理得更清楚,我从2019年7月开始连续写了3篇关于麦克斯韦方程组的文章。又因为麦克斯韦方程组是用微积分的形式写的,我在2019年12月又写了关于微积分的主线文章。也就是说,整个2019年,我一共写了6篇主线长文,文章的数量虽然大幅度减少了,但影响力却大大提高了。

进入2020年,我继续写关于相对论的主线文章。为了把爱因斯坦创立狭义相对论的过程搞清楚,我基本上把市面上所有相关的书籍都买了回来,在网上查询各种论文和资料,花了大半年时间写了两篇共约5万字的主线文章。这虽然是两篇科普文章,但我却感觉是用通俗的语言完成了一篇科学史论文。与此同时,胡编辑"三顾茅庐"希望出版,但我仍然拒绝了。一来我觉得狭义相对论的内容还没写完,二来我不知道这样出书的价值在哪里,大家在手机里不一样可以看文章么？于是我继续埋头写文章，不管出书的事。

写完关于狭义相对论的三篇主线文章以后，不知道出于什么原因(好像是因为听到很多朋友说自己的孩子到了高中就觉得物理很难，不怎么喜欢物理了)，我决定先写一篇关于高中物理的主线文章，帮助中学生从更高的视角看清高中物理的脉络，顺便也应付一下考试。这篇字数高达4.5万的文章于2021年1月完成，它是我第一篇阅读量"10万＋"的文章，也第一次让我知道原来公众号最多只能写5万字。因为这篇文章的读者主要是中学生，而中学生又不能随时看手机，所以，当胡编辑再次跟我建议以这篇文章为底出一本面向中学生的科普书时，我同意了。

于是，2021年3月我将书稿交给清华大学出版社，长尾科普系列的第一本书《什么是高中物理》就在2021年8月正式出版了。在此之前，很多家长都是把我的文章打印下来给孩子看的，整个过程麻烦不说，阅读体验也不好，现在就可以直接买书了。有了纸质书，大家还可以很方便地送亲戚、送朋友、送学生，反而拓宽了读者范围。这件事情也让我意识到：如果想让中小学生尽可能多地看到我写的东西，那出书就是一项非常重要而且必要的工作。于是，我的出书进程加快了。

当我在2021年5月完成了质能方程的主线文章后，狭义相对论的部分就完结了，于是就有了长尾科普系列的第二本书《什么是相对论(狭义篇)》。接着，我又花了近一年时间，于2022年4月完成了关于量子力学的科普文章，这就是长尾科普系列的第三本书《什么是量子力学》。再加上2019年就写好了的三篇关于麦克斯韦方程组的长文，第四本书《什么是麦克斯韦方程组》也出来了。

如此一来，到了2023年，我一共出版了四本书，"长尾科普系列"初具雏形(想查看该系列的全部书籍,可以看看本书封底后勒口的"长尾科普系列"总目录,或者在公众号"长尾科技"后台回复"出书")。当然,既然是系列,那后面就肯定还有更多的书,它们会是什么样子呢?

很明显,我现在对相对论和量子力学非常感兴趣。我写了很多关于狭义相对论的文章,为了更好地理解狭义相对论,我就写了麦克斯韦方程组,为了更好地理解麦克斯韦方程组,我又写了微积分,这就是我写文章的内在逻辑。现在狭义相对论写完了,那接下来自然就要写广义相对论,对应的书名就是《什么是相对论(广义篇)》。而广义相对论又跟黑洞、宇宙密切相关,所以后面肯定还要写与黑洞和宇宙学相关的内容。

此外,量子力学我才刚开了一个头。《什么是量子力学》也只是初步介绍了量子力学的基本框架,那后面自然还要写量子场论、量子力学的诠释、量子信息等内容,最后再跟广义相对论在量子引力里相遇。总的来说,相对论和量子力学的后续文章还是比较容易猜的,我依然会用通俗的语言和缜密的逻辑带领中小学生走进现代科学的前沿。至于数学方面,我一般都是科普物理时用到了什么数学,就去写相关的数学内容。

我对"科学"这个概念本身也极感兴趣。科学这个词在现代已经被用滥了,大家说一个东西是"科学的",基本上是想说这个东西是"对的,好的,合理的",它早已经超出了最开始狭义上自然科学的范畴。在这样的语境下,我们反而难以回答到底什么是科学了。所以,我希望能够像梳理爱因斯坦创立狭义相对论的历史那样,把"科学到底是怎么产生的"也梳理清楚,然后再来回答"什么是科学"。而大家也知道,追溯科学产生的历史就不可避免地要追溯到古希腊哲学,所以我又得去学习和梳理西方哲学,这样一来工作量就大了。

因此，光是想想上面两部分内容，我估计没有一二十年是搞不定的，"长尾科普系列"实在是任重而道远。好在我自己倒是非常喜欢这样的学习和思考工作，并且乐此不疲，时间长就长一点吧。

最后，我一直非常重视中小学生这个群体，很希望他们也能读懂我的文章，毕竟他们才是国家科学的未来。因此，我会在不影响内容深度的前提下，不断尝试提高文章的通俗度，降低阅读门槛，努力在科普的深度和通俗度之间做到一个合适的平衡。就目前的效果来看，现在这种形式大概可以做到让中学生和部分高年级小学生能看懂，再往下就会有点吃力了。因此，如果还想进一步降低阅读门槛，让科学吸引更多的人，那就得尝试一些新的表现形式了。比如，我可以尝试把爱因斯坦创立相对论的过程用小说的形式表现出来，将自然科学的观念放在小说的背景里潜移默化地影响人，量子世界的各种现象其实也很适合侦探小说的形式，这些想想就很刺激。更进一步，如果可以通过这样的方式将科学思想、科学精神影视化，那影响范围就进一步扩大了。

想远了，不过这确实是我远期的想法。梦想总是要有的，万一有时间去实现呢？至于以后"长尾科普系列"会不会包含这方面的内容，那就只有交给时间来证明了。

长尾君

目　录

第三篇 电磁波篇

扩展阅读一 从麦克斯韦方程组到狭义相对论

扩展阅读二 一个有趣的小问题

第一篇

积 分 篇

2004 年，英国的科学期刊《物理世界》举办了一个活动：让读者选出科学史上最伟大的公式。结果，麦克斯韦方程组力压质能方程、欧拉公式、牛顿第二定律、勾股定理、薛定谔方程等"方程界"的巨擘，高居榜首。

麦克斯韦

麦克斯韦方程组以一种近乎完美的方式统一了电和磁，并预言光就是一种电磁波，这是物理学家在统一之路上的巨大进步。很多人都知道麦克斯韦方程组，知道它极尽优美，描述了经典电磁学的一切。但是，真正能看懂这个方程组的人却不多，因为它不像质能方程、勾股定理简单直观，等式两边的含义一眼便知。毕竟，它是用积分和微分的形式写的，而大部分人要到大学才正式学习微积分。

不过大家也不用担心，麦克斯韦方程组虽然在形式上略微复杂，但是它的物理内涵还是非常简单的。而且，微积分也不是特别抽象的数学内容，大家只要跟着长尾君的思路，相信看懂这个最伟大的方程组也不会是什么难事。

01 | 电磁统一之路

电和磁并没有什么明显的联系,科学家一开始也是独立研究电现象和磁现象的。这并不奇怪,谁能想到闪电和磁铁之间会有什么联系呢!

1820 年,奥斯特在一次讲座上偶然发现通电的导线让旁边的小磁针偏转了一下,这个细微的现象并没有引起听众的注意,但却让奥斯特惊喜万分。他立即针对这个现象进行了 3 个月的实验和研究,最后发现了电流的磁效应,就是说电流也能像磁铁一样影响周围的小磁针。

电流的磁效应

消息一出,物理学家们集体炸锅,电流居然能产生磁效应,这也太不可思议了吧?于是,他们立即沿着这条路进行深入研究。怎么研究呢?奥斯特只是说电流周围会产生磁场,那这个电流在空间中产生的磁场是怎样分布的呢?比方说,一小段电流在空间某个地方产生的磁感应强度是多大呢?这种思路拓展是很自然的,定性地发现某个规律之后必然要试图定量地把它描述出来。这样我们不仅知道它,还可以精确地计算它,这才算完全了解。

在奥斯特正式发表他的发现仅仅 3 个月之后,毕奥和萨伐尔在大佬拉普拉斯的帮助下就找到了电流在空间中产生磁场大小的定量规律,这就是著名的毕奥-萨伐尔定律。也就是说,有了毕奥-萨伐尔定律,我们就可以算出任意电流在空间中产生磁场的大小,但是这种方法在实际使用的时候会比较烦琐。

又过了两个月,安培发现了一个更实用、更简单的计算电流周围磁场的方式,这就是安培环路定理。而且,安培还总结了一个很实用的规律来帮助我们判断电流产生磁场的方向,这就是安培定则(也就是高中学的右手螺旋定则)。

至此,电生磁这一路的问题"似乎"基本解决了,我们知道电流会产生磁场,而且能够用安培环路定理(或者更加原始的毕奥-萨伐尔定律)计算这个磁场的大小,用安培定则判断磁场的方向。也就是说,我们现在知道怎么单独描述电和磁,也知道电怎么生磁。秉着对称的思想,我们会想:既然电能够生磁,那么磁能不能生电呢?

由于种种原因,奥斯特在 1820 年发现了电能生磁,人类直到 11 年后的 1831 年,才由天才实验物理学家法拉第发现了磁生电的规律,也就是电磁感应定律。法拉第发现磁能生电的关键就是:静止的磁并不能生电,变化的磁才能生电。

发现电磁感应定律之后,我们知道了磁如何生电,有了安培环

法拉第

路定理,我们又知道电流如何产生磁场。乍一看,有关电磁的东西我们好像都有解决方案了。其实不然,我们知道安培环路定理是从"奥斯特发现了电流周围会产生磁场"推出来的,所以,它只能处理电流周围表示磁场的情况。

但是,如果没有电流呢?如果根本就没有导线可以形成电流,如果仅仅是电场发生了变化,那这样能不能产生磁场呢?大家不要觉得这是胡搅蛮缠,你们想想,根据电磁感应定律,变化的磁场是可以产生电场的。所以,反过来猜想变化的电场能否产生磁场并不奇怪。而这,正好是安培环路定理缺失的部分。

于是,麦克斯韦就对安培环路定理进行了扩充,把变化的电场也能产生磁场这一项添加了进去,补齐了最后一块短板。

到这里,电和磁的统一之路就走得差不多了,麦克斯韦方程组的基本形式也呼之欲出。这里我先让大家考虑一下:我们都知道麦克斯韦方程组描述了经典电磁学的一切,而且它是由 4 个方程组成的。那么,如果让你选择 4 个方程来描述电磁里的一切,你大致会选择 4 个什么样的方程呢?

此处思考一分钟……

不知道大家是怎么考虑的,反正我觉得下面这条思路是很自然的:如果要用 4 个方程描述电磁的一切,那么我就用第一个方程描述电,第二个方程描述磁,第三个方程描述磁如何生成电,第四个方程描述电如何生成磁。好巧,麦克斯韦方程组就是这样的。

所以,我们学习麦克斯韦方程组,就是要看看它是如何用 4 个方程优雅自洽地描述电、磁、磁生电、电生磁这 4 种现象的。接下来我们就一个个地看。

02 | 库仑的发现

在奥斯特发现电流的磁效应之前，人类已经单独对电研究了好长时间。人们发现电荷有正负两种，而且同性相斥，异性相吸。后来库仑发现了电荷之间相互作用的定量关系，他发现电荷之间的作用力跟距离的平方成反比。也就是说，如果我把两个电荷之间的距离扩大为原来的两倍，那么这两个电荷之间的作用力就会减少为原来的 1/4，扩大为 3 倍就减少为原来的 1/9。

这个跟引力的效果是一样的，引力也是距离扩大为原来的两倍，引力的大小减少为原来的 1/4。为什么大自然这么偏爱"平方反比"规律呢？因为我们生活在一个各向同性的三维空间里。

这是什么意思？我们可以想想：假设现在有一个点源开始向四面八方传播，因为它携带的能量是一定的，那么在任意时刻能量达到的地方就会形成一个球面。球面的面积公式 $S = 4\pi r^2$（r 为半径），面积跟半径的平方 r^2 成正比。这也就是说：同一份能量在不同的时刻要均匀地分给 $4\pi r^2$ 个部分，那么每个点得到的能量就自然得跟 $4\pi r^2$ 成反比。这就是平方反比定律的更深层次的来源。

如果我们生活在四维空间里，我们就会看到很多立方（三次方)反比的定律,这也是科学家们寻找高维度的一个方法。许多理论(比如超弦理论)里都有预言高维度,科学家们就去很小的尺度里测量引力,如果引力在一个很小的尺度里不再遵循平方反比定律,那就很有可能是发现了额外的维度。

好了,从更深层次理解了静电力遵循平方反比定律后,要猜出静电力的公式就是很简单的事情了。因为很明显的,两个电荷之间的静电力肯定跟两者的电荷量有关,而且是电荷越大静电力越大,再加上距离平方反比规律,两个电荷之间的静电力大致就是下面这样:

$$F = k\frac{q_1 q_2}{r^2} = \frac{q_1 q_2}{4\pi\varepsilon_0 r^2}$$

这就是我们中学学的库仑定律:两个电荷之间的静电力跟两个电荷量的乘积成正比,跟它们距离的平方成反比,剩下的都是常数(图 2.1)。q_1、q_2 就是两个电荷的电荷量,ε_0 是真空介电常数(先不管它什么意思,知道是个跟电相关的常数就行了),我们熟悉的球面面积公式 $S = 4\pi r^2$ 赫然出现在分母里,这是三维空间平方反比规律的代表。

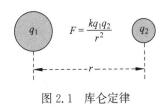

图 2.1 库仑定律

库仑定律是一个实验定律,也就是说,库仑做了很多实验,他发现两个电荷之间确实存在着一个这么大小的静电力,但是它并没有告诉你这个静电力是如何传递的。两个并没有接触的物体之间存在某种力,一个常见的想法就是这两个物体之间存在着某种我们看不见的东西在帮它们传递作用力。那么这种东西是什么呢？有人认为是以太，有人认为是某种弹性介质，但是法拉第说是力线，而且这种力线不是什么虚拟的辅助工具，而是客观的物理实在。它可以传递作用力，也可以具有能量，这些思想慢慢形成了我们现在熟知的场。

03 | 电场的叠加

有了场，我们就可以更加细致地描述两个电荷之间的相互作用了。为什么两个电荷之间存在这样一个静电力呢？因为电荷会在周围的空间中产生一个电场，这个电场又会对处在其中的电荷产生一个力的作用。这个电场的强度越大，电荷受到的力就越大，正电荷受力的方向就是这点电场的方向。所以，电场具有大小和方向，这是一个矢量。

为了直观形象地描述电场，我们引入了电场线。电场线的密度刚好就代表了电场强度的大小，而某点电场线的切线方向就代表了该处电场的方向。一个正电荷就像太阳发光一样向四周发射电场线，负电荷汇集电场线（图 3.1）。

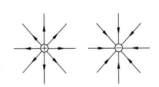

图 3.1 孤立点电荷的电场

这些内容大家在中学的时候应该都学了，我就一笔带过，接下来我们考虑一个稍微复杂一点的问题：库仑定律告诉了我们两个点电荷之间静电力的大小，那我们就可以根据这个求出一个点电荷周围的电场强度。然而，一个点电荷是最简单的情况，如果带电源再复杂一点呢？如果有很多个电荷，或者说它直接就是一块形状不规则的带电体，这时候要怎么求它产生的电场呢？

一个很简单、很自然的想法就是：如果有很多个电荷，那就把每个电荷在某一点产生的电场强度算出来，再把它们叠加起来就行了。如果是一个连续的带电体（比如一根带电的线），那我们就再次举起牛顿爵爷留给我们的微积分大刀，"哗啦啦"地把这个带电体切成无数个无穷小的部分，这样每一个无穷小的部分就可以看作一个点电荷，然后把这无数个点电荷在该点产生的电场强度叠加起来（就是积分）就行了。

我们上面的思路其实就是秉着"万物皆可切成点，万物皆可积"的精神，强行让库仑定律和微积分联姻，"硬算"出任何带电体在任意位置的场强。这在原理上是行得通的，没问题，但是在具体操作上就很复杂了，有没有更简单优雅一点的办法呢？

有，不过这需要我们换个角度看问题。物理学研究物体运动变化的规律，但是物体时时刻刻都处在变化之中，要怎么去寻找它的规律呢？这里就涉及科学研究的一个重要思想：把握变化世界里那些不变的东西。

牛顿发现一切物体在运动中都有某种共同不变的东西，不管物体怎样运动，受到什么样的力，这个东西只由物体的密度和体积决定，于是牛顿从中提炼出了质量的概念（当然，现在质量是比密度和体积更基本的概念）；科学家们发现物体在各种变化的过程中有某种守恒的东西，于是提炼出了能量的概念。那么，带电体在周围空间中产生电场的过程，能不能也提炼出某种不变的东西呢？

04 | 通量的引入

我们先不管电,先来看看我们更熟悉的水,毕竟水流和电流确实有某种相似之处。

我在一个水龙头的出口处装一个喷头,让水龙头向周围的空间喷射水流(就像正电荷喷射电场线一样),然后用一个完全透水(水能够自由地穿过)的塑料袋把水龙头包起来。那么,从水龙头出来的所有的水都必须穿过这个塑料袋,然后才能去其他地方,穿过这个塑料袋的表面是所有水的必经之路。

这个看似平常的现象后面却隐藏了这样一个事实:无论塑料袋有多大,是什么形状,只要它是密封的,那么,从水龙头里流出的水量就一定等于通过这个塑料袋表面的水量。

从这里,我们就抽象出来了一个非常重要的概念:通量。通量,顾名思义,就是通过一个曲面的某种流量,比如通过塑料袋表面的水的流量就叫塑料袋的水通量。这样,上面的例子我们就可以说成水龙头的出水量等于塑料袋的水通量了。

好,水的事情就先说到这里,我们再回过头来看看电。还是用上面的实验,现在把水龙头换成一个正电荷,还是用一个完全透电(对电没有任何阻力)的塑料袋套住它,那会发生什么呢?水龙头的喷头散发的是水流,正电荷"散发"的是电场线;既然通过该塑料袋的水流量叫塑料袋的水通量,那么电场线通过塑料袋的数量自然就叫塑料袋的电通量。对于水通量,我们知道它等于水龙头的出水量,那么塑料袋的电通量等于什么呢?

我们知道,之所以会有电场线,是因为空间中存在电荷。而且,电荷的电量越大,它产生的电场强度就越大,电场线就越密,那么穿过塑料袋的电场线的数量就越多,对应的电通量就越大。所以,我们虽然无法确定这个电通量的具体形式,但是可以肯定它一定跟这个塑料袋包含的电荷量有关,而且是正相关。

这就是在告诉我们:通过一个闭合曲面的电通量跟曲面内包含电荷的总量是成正比的,电荷量越大,通过这个任意闭合曲面的电通量就越大,反之亦然。这就是麦克斯韦方程组的第一个方程——高斯电场定律的核心思想。

把这个思想从电转移到水上面去就是:通过一个闭合曲面的水量是这个曲面内包含水龙头水压的量度,水压越大,水龙头越多,通过这个闭合曲面的水量就越大。这几乎已经接近"废话"了。所以,大家面对那些高大上的公式方程的时候不要先自己吓自己,很多所谓非常高深的思想,把它用简洁的语言翻译一下,就会发现它非常简单自然。

我们再来审视一下高斯电场定律的核心思想:通过一个闭合曲面的电通量跟曲面内包含的电荷量成正比。那么,我们要怎么样把这个思想数学化呢?电荷的总量好说,就是把所有电荷的带电量加起来,那么通过一个闭合曲面的电通量要怎么表示呢?

05 | 电场的通量

我们先从最简单的情况看起。

问题 1：我们假设空间里有一个电场强度为 E 的匀强电场，然后有一个面积为 a 的木板跟这个电场方向垂直，那么，通过这个木板的电通量 Φ 要怎么表示呢？（图 5.1）

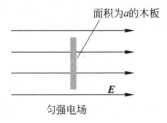

图 5.1　通过匀强电场的电通量

我们想想，最开始是从水通过曲面的流量来引入通量的，到了电这里，我们可以用电场线通过一个曲面的数量表示电通量。而我们也知道，电场线的密度代表了电场强度的大小。所以，我们就能很明显的发现：电场强度越大，通过木板的电场线数量越多；木板的面积越大，通过木板的电场线数量越多。而电场线的数量越多，就意味着电通量越大。

因为电场强度 E 是一个矢量（有大小和方向），所以我们用 $|E|$ 来表示 E 的大小，那么我们直接用电场强度的大小 $|E|$ 和木板面积 a 的乘积来表示电通量的大小是非常合理的。也就是说，通过木板的电通量 $\Phi = |E| \times a$。

木板和电场线方向相互垂直是最简单的情况，如果木板和电场的方向不垂直呢?

问题 2:还是前文的木板和电场,如果木板跟电场的方向不是垂直的,它们之间有一个夹角 α,那这个电通量又要怎么求呢?(图 5.2)

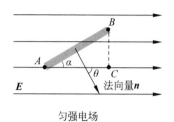

匀强电场

图 5.2 有一定倾斜角的电通量

如图 5.2 所示,首先,我们能直观地感觉到:当木板不再和电场方向垂直的时候,这个木板被电场线穿过的有效面积减小了。原来长度为 AB 的面都能挡住电场线,现在,虽然还是那块木板,但是真正能够有效挡住电场线的变成了 BC 这个面。

然后,我们再来谈一谈平面的方向,可能很多人都认为平面的方向就定义为 AB 的方向。其实不然,我们是用一个垂直于这个平面的向量的方向表示该平面的方向,这个向量就叫这个平面的法向量。如图 5.2 所示,我画了一个跟木板垂直的法向量 n,那么这个法向量 n 和电场 E 的夹角 θ 才是木板这个平面和电场的夹角。

AB、BC 和 θ 之间存在一个非常简单的三角关系:$BC = AB\cos\theta$(因为夹角 θ 跟 $\angle ABC$ 相等,$\cos\theta$ 表示直角三角形里邻边和斜边的比值)。而我们又知道垂直的时候通过木板的电通量 $\Phi = |E| \times |a|$,那么,当它们之间有一个夹角 θ 的时候,通过木板的电通量自然就变成了:$\Phi = |E| \times |a|\cos\theta$。

06 | 矢量的点乘

到了这里，我们就必须稍微讲一点矢量和矢量的乘法了。

通俗地讲，标量是只有大小没有方向的量。比如说温度，房间某一点的温度就只有一个大小而已，并没有方向；再比如质量，我们只说一个物体的质量是多少千克，并不会说质量的方向是指向哪边。而矢量则是既有大小又有方向的量。比如速度，我们说一辆汽车的速度不仅要说速度的大小，还要指明它的方向，它是向东还是向南；再比如说力，你去推桌子，这个推力不仅有大小（决定能不能推动桌子），还有方向（把桌子推向哪一边）。

标量因为只有大小没有方向，所以标量的乘法可以直接像代数的乘法一样，让它们的大小相乘就行了。但是，矢量因为既有大小又有方向，所以两个矢量相乘就不仅要考虑它们的大小，还要考虑它们的方向。假如有两个矢量，一个矢量的方向向北，另一个矢量向东，那么它们相乘之后得到的结果还有没有方向呢？如果有，这个方向要怎么确定呢？

我们从小学开始学习的那种代数乘法的概念，在矢量这里并不适用，需要重新定义一套矢量的乘法规则，比如最常用的点乘（符号为"·"）。两个标量相乘就是直接让两个标量的大小相乘，现在矢量不仅有大小还有方向，那这个方向怎么体现呢？很简单，不让两个矢量的大小直接相乘,而是让一个矢量的投影和另一个矢量的大小相乘就行了,这样就既体现了大小又体现了方向。

如图 6.1 所示,有两个矢量 $\overrightarrow{OA}$ 和 $\overrightarrow{OB}$(线段的长短代表矢量的大小,箭头的方向代表矢量的方向),过 A 点作 AC 垂直于 $\overrightarrow{OB}$(也就是 $\overrightarrow{OA}$ 往 $\overrightarrow{OB}$ 方向上投影),那么线段 OC 的长度就代表了矢量 $\overrightarrow{OA}$ 在 $\overrightarrow{OB}$ 方向上的投影。而根据三角函数的定义,一个角度 θ 的余弦 $\cos\theta$ 被定义为邻边(OC)和斜边(OA)的比值,即 $\cos\theta = OC/|\overrightarrow{OA}|$($|\overrightarrow{OA}|$ 表示矢量 $\overrightarrow{OA}$ 的大小)。所以矢量 $\overrightarrow{OA}$ 在 $\overrightarrow{OB}$ 方向上的投影 OC 可以表示为:$OC = |\overrightarrow{OA}|\cos\theta$。

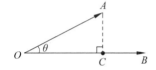

图 6.1 OC 为矢量 $\overrightarrow{OA}$ 在 $\overrightarrow{OB}$ 上的投影

既然两个矢量的点乘被定义为一个矢量的投影和另一个矢量大小的乘积,现在已经得到了投影 OC 的表达式,那么矢量 $\overrightarrow{OA}$ 和 $\overrightarrow{OB}$ 的点乘就可以表示为:

$$\overrightarrow{OA} \cdot \overrightarrow{OB} = OC \times |\overrightarrow{OB}| = |\overrightarrow{OA}||\overrightarrow{OB}|\cos\theta。$$

为什么我们前面明明还在讲电场通过一个平面的通量,现在却要从头开始讲矢量的点乘呢?因为电场强度也是一个矢量,它既有大小也有方向(电场线的密度代表大小,电场线的方向代表它的方向);平面其实也是一个矢量,平面的大小不用说了,平面的方向是用垂直于这个平面的法向量来表示的。然后,我们再回顾一下当平面跟电场方向有一个夹角 θ 的时候,通过这个平面的电通量 $\Phi = |\boldsymbol{E}||\boldsymbol{a}|\cos\theta$,这是不是跟上面两个矢量点乘右边的形式一模一样?

也就是说，如果从矢量的角度来看：电场强度为 E 通过一个平面 a 的电通量 Φ 就可以表示为这两个矢量（电场强度和平面）的点乘，即 $\Phi = E \cdot a$（因为根据点乘的定义有 $E \cdot a = |E| \times |a| \times \cos\theta$）。这种表述既简洁又精确。如果不使用矢量的表述，那么在公式里就不可避免地会出现很多和夹角 θ 相关的内容。更关键的是，电场强度和平面本来就都是矢量，使用矢量的运算天经地义，为什么要用标量来代替它们呢？

总之，我们现在知道一个电场通过一个平面的电通量可以简洁的表示为：$\Phi = E \cdot a$。但是，高斯电场定律的核心思想是通过闭合曲面的电通量跟曲面包含的电荷量成正比，我们这里得到的只是一个电场通过一个平面的电通量，一个平面和一个闭合曲面还是有相当大的区别的。

07 | 闭合曲面的电通量

知道怎么求一个平面的电通量了,那要怎么求一个曲面的电通量呢?

这里就要稍微涉及一点点微积分的内容了。我们都知道我们生活在地球的表面,而地球表面其实是一个球面,那么,为什么我们平常在路上行走时却感觉不到这种球面的弯曲呢?答案很简单,因为地球很大,当我们从月球上遥望地球的时候,能清晰地看到地球表面是一个弯曲的球面。但是,当把范围仅仅锁定在目光周围的时候,我们就感觉不到地球的这种弯曲,而是觉得我们行走在一个平面上。

地球的表面是一个曲面,但是当我们只关注地面非常小的一块空间的时候,我们却觉得地球是一个平面。看到没有,一个曲面因为某种原因变成了一个平面,而我们现在的问题不就是已知一个平面的电通量,要求一个曲面的电通量吗?那么地球表面的这个类比能不能给我们什么启发呢?

弯曲的地球表面在小范围内是平面,这其实是在启发我们:可以把一个曲面分割成许多块,只要分割得足够细,保证每一小块都足够小,那么可以把这个小块近似当作平面来处理。而且不难想象,把这个曲面分割得越细,它的每一个小块就越接近平面,把这些小平面都加起来就会越接近这个曲面本身。

下面是重点：如果把一个曲面分割成无穷多份，这样每个小块的面积就都是无穷小，于是就可以认为这些小块加起来就等于这个曲面了。这就是微积分最朴素的思想。

如图 7.1 所示，我们把一个球面分割成了很多块，这样每一个小块就变成了一个长为 dx，宽为 dy 的小方块，这个小方块的面积 $da = dx \cdot dy$。如果这个小块的电场强度为 E，那么通过这个小块的电通量就是 $E \cdot da$。如果把这个球面分割成无穷多份，那么把这无穷多个小块的电通量加起来，就能得到穿过这个曲面的总电通量。

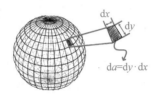

图 7.1　球面分割与微积分

这个思想总体来说还是很简单的，只是涉及了微积分最朴素的一些思想。如果要我们具体去计算可能就会比较复杂，但是庆幸的是，我们不需要知道具体如何计算，我们只需要知道怎么表示这个思想就行了。一个小块 da 的电通量是 $E \cdot da$，那么我们就可以用下面的符号表示通过曲面 S 的总电通量：

$$\oint_S E \cdot da \qquad (7.1)$$

这个拉长的大 S 符号就是积分符号，它就是我们上面说的微积分思想的代表。至于这个拉长的大 S 中间的圆圈就代表这是一个闭合曲面。它的右下角那个 S 代表曲面 S，也就是说，是把曲面 S 切割成无穷个小块，对每一块都求它的通量 $E \cdot da$，然后把通量累加起来。

08 | 方程一：高斯电场定律（积分形式）

　　总之，式(7.1)就代表了电场强度 E 通过闭合曲面 S 的总电通量，而我们前面说过高斯电场定律的核心思想就是：通过闭合曲面的电通量跟这个曲面包含的电荷量成正比。这样我们就能非常轻松地理解麦克斯韦方程组的第一个方程——高斯电场定律了：

$$\oint_S E \cdot da = \frac{1}{\varepsilon_0} Q_{enc}$$

　　方程的左边，我们上面解释了这么多，就是电场强度 E 通过闭合曲面 S 的电通量。方程右边带 Q_{enc} 表示闭合曲面内包含的电荷总量，ε_0 是个常数（真空介电常数），暂时不用管它。等号两边一边是闭合曲面的电通量，另一边是闭合曲面包含的电荷量，这样就用数学公式完美地诠释了我们的思想。

　　麦克斯韦方程组总共有 4 个方程，分别描述了静电、静磁、磁生电、电生磁的过程。库仑定律从点电荷的角度描述静电，而高斯电场定律则从通量的角度来描述静电，为了描述任意闭合曲面的通量，我们不得不引入了微积分的思想。我们说电通量是电场线通过一个曲面的数量，而我们也知道磁场也有磁感线（由于历史原因无法使用磁场线这个名字），那么，我们是不是可以建立类似磁通量的概念，然后在此基础上建立类似的高斯磁场定律呢？

09 | 方程二：高斯磁场定律
（积分形式）

磁通量的概念很好建立，我们可以完全模仿电通量的概念，将磁感线通过一个曲面的数量定义磁通量。因为磁感线的密度一样表征了磁感应强度（因为历史原因，我们这里无法使用磁场强度）的大小。所以不难理解，我们可以仿照电场，把磁感应强度为 $\boldsymbol{B}$ 的磁场通过一个平面 a 的磁通量 Φ 表示为 $\Phi = \boldsymbol{B} \cdot \boldsymbol{a}$。

同样的，根据我们在上面电场里使用的微积分思想，类比通过闭合曲面电通量的做法，我们可以把通过一个闭合曲面 S 的磁通量表示为：

$$\oint_S \boldsymbol{B} \cdot \mathrm{d}\boldsymbol{a}$$

然后，我们可以类比高斯电场定律的思想"通过闭合曲面的电通量跟这个曲面包含的电荷量成正比"，建立一个高斯磁场定律。它的核心思想似乎就应该是：通过闭合曲面的磁通量跟这个曲面包含的"磁荷量"成正比。

然而，这里会有个问题，我们知道自然界中有独立存在的正负电荷，电场线都是从正电荷出发，汇集于负电荷。但是，自然界里并不存在（至少现在还没发现）独立的磁单极子，任何一个磁体都是南北两极共存。所以,磁感线跟电场线不一样,它不会存在一个单独的源头,也不会汇集到某个地方去,它只能是一条闭合的曲线。

图 9.1 是一个很常见的磁铁周围的磁感线,磁铁外部的磁感线从 N 极指向 S 极,在磁铁的内部又从 S 极指向 N 极,这样就形成一个完整的闭环。

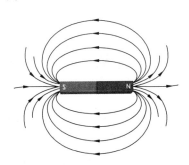

图 9.1 磁铁周围的磁感线

如果磁感线都是一个闭环,没有独立存在的磁单极,那我们就可以想一想:如果在这个闭环里画一个闭合曲面,那结果肯定就是有多少磁感线从曲面进去,就肯定有多少磁感线从曲面出来。因为如果有一根磁感线只进不出,那它就不可能是闭合的了,反之亦然。

如果一个闭合曲面有多少根磁感线进,就有多少根磁感线出,这意味着什么呢?这就意味着你进去的磁通量跟出来的磁通量相等,那么最后这个闭合曲面包含的总磁通量就恒为 0 了。这就是麦克斯韦方程组的第二个方程——高斯磁场定律的核心思想:闭合曲面包含的磁通量恒为 0。

通过闭合曲面的磁通量($\boldsymbol{B} \cdot \boldsymbol{a}$ 是磁通量,套个曲面的积分符号就表示曲面的磁通量),我们已经说了,恒为 0 无非就是在等号

的右边加个 0,所以高斯磁场定律的数学表达式就是这样的:

$$\oint_S \boldsymbol{B} \cdot \mathrm{d}a = 0$$

对比一下高斯电场定律和高斯磁场定律,我们会发现它们不仅是名字相像,形式也几乎是一模一样的,只不过目前还没有发现磁单极子,所以高斯磁场定律的右边就是一个 0(如果以后发现了磁单极子,那这里就要改写,它就会长得更像高斯电场定律)。我们再想一想:为什么这种高斯××定律能够成立?为什么通过任意闭合曲面的某种通量会刚好是某种量的一个量度?

原因还在它们的“平方反比”上。因为电场强度和磁感应强度都是跟距离的平方成反比,而表面积是跟距离的平方成正比,所以前者减小多少,后者就增加多少。那么,如果有一个量的表示形式是前者和后者的乘积,那么它的总量就会保持不变。而通量刚好就是××强度和表面积的乘积,所以电通量、磁通量就都有这样的性质。

所以,再深思一下就会发现:只要一种力的强度是跟距离平方成反比,那么它就可以有类似的高斯××定律,比如引力,我们一样可以找到对应的高斯定律。数学王子高斯当年发现了高斯定理,我们把它应用在物理学的各个领域,就得到了各种高斯××定律。麦克斯韦方程组总共 4 个方程,就有两个高斯定律,可见其重要性。

关于静电和静磁就先说这么多,还有疑问的请咨询高斯,毕竟这是人家独家冠名的产物。接下来我们看看电和磁之间的交互,看看磁是如何生电,电又是如何生磁的。说到磁如何生电,那就肯定得提到法拉第。奥斯特发现电流的磁效应之后,大家秉着对称性的精神,认为磁也一定能够生电,但是磁到底要怎样才能生电呢?不知道,这就得做实验研究了。

10 | 电磁感应

既然是要做实验看磁如何生电,那首先肯定得有磁场。这个简单,找两块 N 极和 S 极相对的磁铁,这样它们之间就会有磁场。再拿一根金属棒来,看看它有没有办法从磁场中弄出电来(图 10.1)。因为金属棒是导电的,所以把它用导线跟一个检测电流的仪器连起来,如果仪器检测到了电流,那就说明磁生电成功了。

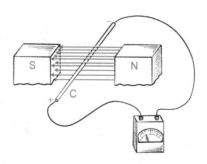

图 10.1　电磁感应

法拉第做了很多这样的实验,他发现:如果金属棒放在那里不动,是不会产生电流的(这是自然,否则就是凭空产生了电,能量就不守恒了。要这样能发电,那买块磁铁回家,就永远不用再交电费了)。

接着他发现金属棒在那里运动的时候，有时候能产生电流，有时候不能产生，要是顺着磁感线的方向运动（在图 10.1 就是左右运动）就没有电流，但要是做切割磁感线的运动（在图 10.1 就是上下运动）就能产生电流。打个通俗的比喻：如果把磁感线想象成一根根面条，那金属棒只有把面条（磁感线）切断了才会产生电流。

然后，他发现金属棒在磁场里不动虽然不会产生电流，但如果这时候改变一下磁场的强度，让磁场变强或者变弱一些，即便金属棒不动也会产生电流。

法拉第仔细总结了这些情况，他发现不管是金属棒运动切割磁感线产生电流，还是磁场强度变化产生电流，都可以用一个通用的方式来表达：只要闭合回路的磁通量发生了改变，就会产生电流。我们想想，磁通量是磁感应强度 B 和面积 a 的乘积（$B \cdot a$），切割磁感线其实相当于改变了磁感线通过回路的面积 a，改变磁场强度就是改变了 B。不管是改变了 a 还是 B，它们的乘积 $B \cdot a$（磁通量）肯定都是要改变的。

也就是说：只要通过曲面（我们可以把闭合回路当作一个曲面）的磁通量发生了改变，回路中就会产生电流，而且磁通量变化得越快，这个电流就越大。

到了这里，我们要表示通过一个曲面的磁通量应该已经轻车熟路了。磁通量是 $B \cdot a$，那么通过一个曲面 S 的磁通量给它套一个积分符号就行了。于是，通过曲面 S 的磁通量可以写成下面这样：

$$\int_S B \cdot \mathrm{d}a \qquad (10.1)$$

细心的同学会发现这个表达式跟我们高斯磁场定律里磁通量部分稍微有点不一样，高斯磁场定律里的积分符号（拉长的 S）中间有一个圆圈,而这里却没有。高斯磁场定律说"闭合曲面的磁通量恒为 0",那里的曲面是闭合曲面,所以有圆圈。而这里的曲面并不是闭合曲面(我们是把电路回路当成一个曲面,考虑通过这个回路的磁通量,也就是看有多少磁感线穿过了电路围成的这个圈),也不能是闭合曲面。因为法拉第就是发现了"通过一个曲面的磁通量有变化就会产生电流",如果这是闭合曲面,那么根据高斯磁场定律它的磁通量恒为 0,恒为 0 就是没有变化,没变化按照法拉第的说法就没有电流,那还生什么电呢?

所以,我们要搞清楚,这里不再是讨论闭合曲面的磁通量,而是一个非闭合曲面(电路围成的曲面)的磁通量,这个磁通量发生了改变就会产生电流,而且变化得越快产生的电流就越大。式(10.1)给出的只是通过曲面 S 的磁通量,但最终决定电流大小的并不是通过曲面的磁通量的大小,而是磁通量变化的快慢。那么这个变化的快慢要怎么表示呢?

我们先来看看是怎么衡量变化快慢的。比如身高,一个人在十二三岁的时候一年可以长 10cm,我们说他这时候长得快;到了十七八岁的时候可能一年就长 1cm,我们就说他长得慢。也就是说,衡量一个量(假设身高用 y 表示)变化快慢的方法是:给定一个变化的时间 $\mathrm{d}t$(比如一年,或者更小),看看这个量的变化 $\mathrm{d}y$ 是多少,如果这个量的变化很大就说它变化得很快,反之则变化得慢。

因此,我们可以用某个量 y 的变化 $\mathrm{d}y$ 和给定的时间 $\mathrm{d}t$ 的比值 $\mathrm{d}y/\mathrm{d}t$ 来衡量这个量 y 变化的快慢。所以,我们现在要衡量磁通量变化的快慢,那就只需要把磁通量的表达式替换掉上面的 y 就行了,那么通过曲面 S 的磁通量变化的快慢就可以这样表示:

$$\frac{\mathrm{d}}{\mathrm{d}t}\int_{S}\boldsymbol{B}\cdot\mathrm{d}\boldsymbol{a}$$

这样,我们就把磁生电这个过程中磁的这部分说完了,那么电呢? 一个闭合回路(曲面)的磁通量有变化就会产生电,那这种电要怎么描述?

11 | 电场的环流

可能有人觉得磁通量的变化不是在回路里产生了电流吗，那么直接用电流来描述这种电不就行了吗？不行，我们的实验里之所以有电流，是因为用导线把金属棒连成了一个闭合回路，如果没有用导线去连金属棒呢？那肯定就没有电流了。

所以，电流并不是最本质的东西，最本质的东西是电场。一个曲面的磁通量发生了变化，它就会在这个曲面的边界感生出一个电场，然后这个电场会驱动导体中的自由电子定向移动，从而形成电流。因此，就算没有导线没有电流，这个电场依然存在。所以，我们要想办法描述的是这个被感生出来的电场。

一个曲面的磁通量发生了改变，就会在曲面的边界感应出一个电场，这个电场是环绕着磁感线的，就像是磁感线的腰部套了一个呼啦圈。而且，这个磁通量是增大还是减小，决定了这个电场是顺时针环绕还是逆时针环绕，如图 11.1 所示。

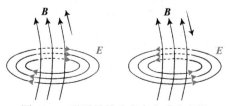

图 11.1 磁通量的改变产生感生电场

如果我们从上往下看的话，这个成闭环的感生电场就如图 11.2 所示，它在这个闭环每点的方向都不一样，这样就刚好可以沿着回路驱动带电粒子，好像是电场在推着带电粒子在这个环里流动一样。

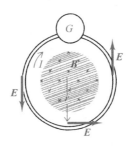

图 11.2　从上往下看感生电场

这里，我们要引入一个新的概念：电场环流，电场的环流就是电场沿着闭合路径的线积分。这里有两个关键词：闭合路径和线积分。闭合路径好说，只有路径是闭合的，才是一个环嘛，感生电场也是一个环状的电场。

电场的线积分是什么意思呢？因为我们发现这个感生电场是一个环状电场，它在每一个点的方向都不一样。但是，我们依然可以使用微积分的思想：这个电场在大范围内（比如上面的整个圆环）方向是不一样的，但是，如果在圆环里取一个非常小的段 dl，电场 E 就可以看作恒定的了，这时候 $E \cdot dl$ 就是有意义的了。然后把这个环上所有部分的 $E \cdot dl$ 都累加起来，也就是沿着这个圆环逐段把 $E \cdot dl$ 累加起来，这就是对电场求线积分。而这个线积分就是电场环流，用符号表示就是这样：

$$\oint_C E \cdot dl$$

积分符号下面的 C 表示这是针对曲线进行积分，不同于我们前面的面积分(下标为S),积分符号中间的那个圆圈就表示这个是闭合曲线(电场形成的圆环)。如果大家已经熟悉了前面曲面通量的概念,我想这里要理解电场在曲线上的积分(即电场环流)并不难。

这个电场环流有什么物理意义呢?它就是我们常说的电动势,也就是电场对沿着这条路径移动的单位电荷所做的功。这里我并不想就这个问题再做深入的讨论,大家只要直观地感觉一下就行了。你想想这个电场沿着回路推动电荷做功(电场沿着回路推着电荷走,就像一个人拿着鞭子抽磨磨的驴),这就是电场环流要传递的概念。而用这个概念来描述变化的磁产生的电是更加合适的,它既包含了感生电场的大小信息,也包含了方向信息。

12 方程三：法拉第定律（积分形式）

所以,麦克斯韦方程组的第三个方程——法拉第定律的最后表述就是这样的:曲面的磁通量变化率等于感生电场的环流。用公式表述就是这样:

$$\oint_C \boldsymbol{E} \cdot \mathrm{d}\boldsymbol{l} = -\frac{\mathrm{d}}{\mathrm{d}t} \int_S \boldsymbol{B} \cdot \mathrm{d}\boldsymbol{a}$$

方程右边的磁通量的变化率和左边的感生电场环流我们上面都说了,还有一个需要说明的地方就是公式右边的负号。为什么磁通量的变化率前面会有个负号呢?

我们想想,法拉第定律说磁通量的变化会感生出一个电场,但是别忘了奥斯特的发现:电流是有磁效应的。也就是说,磁通量的变化会产生一个电场,这个电场它自己也会产生磁场,也就有磁通量。那么,你觉得这个感生电场产生的磁通量跟原来磁场的磁通量的变化会有什么关系?

假如原来的磁通量是增加的,那么这个增加的磁通量感生出来的电场所产生的磁通量是跟原来方向相同还是相反?仔细想想就会发现,答案必然是相反。如果原来的磁通量是增加的,而感生出来的电场产生的磁通量还跟它方向相同,这样不就让原来的磁通量增加得更快了吗？增加得更快,按照这个逻辑就会感生出更强大的电场,产生更大的与原来方向相同的磁通量,然后又导致原来的磁通量增加得更快……

然后你会发现这个过程可以无限循环下去,永远没有尽头,直至慢慢感生出无限大的电场和磁通量,这肯定是不可能的。所以,为了维持一个系统的稳定,如果原来的磁通量是增加的,那么感生电场产生的磁通量就必然要让原来的磁通量减小,反之亦然。这就是楞次定律的内容,中学的时候老师会编一些口诀让你记住它的内容,但是我想让你知道这是一个稳定系统自然而然的要求。楞次定律背后还有一些更深层次的原因,这里我们暂时只需要知道这是法拉第定律那个负号的体现就行了。

到这里,我们就把麦克斯韦方程组的第三个方程——法拉第定律的内容讲完了,它刻画了变化的磁通量如何产生电场的过程。但是,我们上面也说了,这里的磁通量变化包含了两种情况:导体运动导致的磁通量变化和磁场变化导致的磁通量变化。这两种情况其实是不一样的,但是它们居然可以用一个统一的公式来表达,这其实是非常不自然的,当时的人们只是觉得这是一种巧合罢了,但爱因斯坦却不认为这是一种巧合,而是大自然在向我们暗示什么,他最终由此发现了狭义相对论,有兴趣的同学可以思考一下。

也因为这两种情况不一样,所以,法拉第定律还有另外一个版本:它把这两种情况做了一个区分,认为只有磁场变化导致的磁通量变化才是法拉第定律,前面导体运动导致的磁通量变化只是通量法则。所以我们有时候就会看到法拉第定律的另一个版本:

$$\oint_C \boldsymbol{E} \cdot \mathrm{d}\boldsymbol{l} = -\int_S \frac{\partial \boldsymbol{B}}{\partial t} \cdot \mathrm{d}\boldsymbol{a}$$

对比一下这两个法拉第定律,我们发现后面这个只是把那个变化率从原来的针对整个磁通量移到了只针对磁感应强度 B（因为 B 不是只跟时间 t 有关,还可以跟其他的量有关,所以这里必须使用对时间的偏导的符号$\partial B/\partial t$）,也就是说,它只考虑变化磁场导致的磁通量变化。这种形式跟我们后面要说的法拉第定律的微分形式对应得更好,这个后面大家会体会到。

磁生电的过程我们先讲这么多,最后我们来看看电生磁的情况。可能有些人会觉得我这个出场次序有点奇怪:明明是奥斯特先发现了电流的磁效应,大概十年后法拉第才发现了磁如何生电,为什么你却要先讲磁生电的法拉第定律,最后讲电生磁呢?

13 | 安培环路定理

确实，是奥斯特首先爆炸性地发现了电流的磁效应，发现了原来电和磁之间并不是毫无关系的。

如图 13.1 所示，假设电流从下往上，那么它在周围就会产生图示这样一个环形的磁场。磁场的方向可以用所谓的右手定则直观的判断：手握着导线，拇指指向电流的方向，那么右手四指弯曲的方向就是磁场的方向。

然后毕奥、萨伐尔和安培等人立即着手定量研究电流的磁效应，看看一定大小的电流在周围产生的磁场的大小是怎样的。于是，我们就有了描述电流磁效应的毕奥-萨伐尔定律和安培环路定理。其中，毕奥-萨伐尔定律就类似于库仑定律，安培环路定理就类

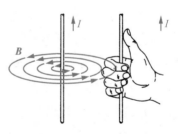

图 13.1　电流的磁效应

似于高斯电场定律。因为在麦克斯韦方程组里，我们使用的是后一套语言，所以这里就只看看安培环路定理：

$$\oint_C \boldsymbol{B} \cdot \mathrm{d}\boldsymbol{l} = \mu_0 I_{\mathrm{enc}}$$

安培环路定理公式的左边跟法拉第定律公式的左边很相似，这是很显然的。因为法拉第定律说磁通量的变化会在它周围产生一个旋转闭合的电场，而电流的磁效应则是在电流的周围产生一个旋转闭合的磁场。我们已经说了用电场环流（也就是电场在闭合路径的线积分）来描述这个旋转闭合的电场，那这里一样使用磁场环流（磁场在闭合路径的线积分）来描述这种旋转闭合的磁场。

安培环路定理公式的右边就比较简单了，μ_0 是个常数（真空磁导率）。I 通常是用来表示电流的，enc 这个下标我们在高斯电场定律那里已经说过了，它是包含的意思。所以，I_{enc} 就表示被包含在闭合路径里的总电流，哪个闭合路径呢？那自然就是公式左边积分符号中间那个圆圈表示的闭合路径了。

也就是说，安培环路定理其实是在告诉我们：通电导线周围会产生环状磁场，如果在这个电流周围随便画一个圈，那么这个磁场的环流（沿着这个圈的线积分）就等于这个圈里包含的电流总量乘以真空磁导率。

那么，这样就完了吗？静电、静磁分别由两个高斯定律描述，磁生电出法拉第定律描述，电生磁就由安培环路定理描述？

不对，我们看看安培环路定理，虽然它确实描述了电生磁，但是它这里的电仅仅是电流（定理公式右边只有电流一项）。难道一定要有电流才会产生磁吗？电磁感应被发现的原因就是奥斯特发现了电流的磁效应，发现电能生磁，所以人们秉着对称性的原则，觉得既然电能够生磁，那么磁也一定能够生电。那么，继续秉着这种对称性，既然法拉第定律说"变化的磁通量能够产生电"，那么，我们有理由怀疑：变化的电通量是不是也能产生磁呢？

14 | 方程四：安培-麦克斯韦定律
（积分形式）

那么，为什么描述电生磁的安培环路定理里却只有电流产生磁，而没有变化的电通量产生磁这一项呢？难道当时的科学家们没意识到这种对称性吗？当然不是，当时的科学家们也想从实验里去找到电通量变化产生磁场的证据，但是他们并没有找到。没有找到依然意味着有两种可能：不存在或者目前的实验精度还发现不了它。

如果你是当时的科学家，面对这种情况你会做何选择？如果你因为实验没有发现它就认为它不存在，这样未免太过保守。但是，如果你仅仅因为电磁之间的这样一种对称性（而且还不是非常对称，因为大自然里到处充满了独立的电荷，却没有单独的磁单极子），就断定"电通量的变化也一定会产生磁"，这样又未免太过草率。这就到了真正考验一个科学家能力和水平的时候了。

麦克斯韦选择了后者，也就是说，麦克斯韦认为"变化的电通量也能产生磁"，但是他并不是随意做了一个二选一的选择，而是在他的概念模型里发现必须加入这样一项。而且，他发现只有加上了这样一项，修正之后的安培环路定理才能跟高斯电场定律、高斯磁场定律、法拉第定律融洽相处,否则它们之间会产生矛盾(这个矛盾我们在后面的微分篇里再说)。麦克斯韦原来的模型太过复杂,这里就不说了,我用一个很简单的例子告诉大家为什么必须要加入"变化的电通量也能产生磁"这一项。

在安培环路定理里,我们可以随意选一个曲面,然后所有穿过这个曲面的电流会在这个曲面的边界上形成一个环绕磁场,问题的关键就在这个曲面的选取上。按理说,只要这个曲面边界是一样的,那么曲面的其他部分就随便选,因为安培环路定理坐标的磁场环流只是沿着曲面的边界的线积分而已,所以它只跟曲面边界有关。下面这个例子就会告诉我们即便曲面边界一样,使用安培环路定理还是会做出相互矛盾的结果。

图 14.1 是一个包含电容器的简单电路。电容器顾名思义就是装电的容器,它可以容纳一定量的电荷。一开始电容器是空的,当我们把开关闭合的时候,电荷在电池的驱动下开始移动,移动到电容器这里就走不动了(此路不通),然后电荷们就聚集在电容器这里。因为电容器可以容纳一定量的电荷,所以,当电容器还没有被占满的时候,电荷是可以在电路里移动的,电荷的移动就表现为电流。

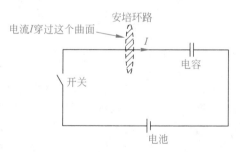

图 14.1　选择不经过电容器的曲面

所以,我们会发现当在给电容器充电的时候,电路上是有电流的,但是电容器之间却没有电流。这时候,如果我们选择图 14.1 的曲面,那么明显有电流穿过这个曲面,但是,如果我们选择图 14.2 这个曲面呢?

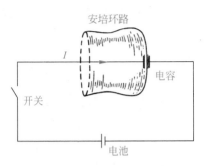

图 14.2　选择经过电容器的曲面

这个曲面的边界跟图 14.2 一样,但是它的底却拖得很长,盖住了半块电容器。这是什么意思呢?因为我们知道电容器在充电的时候,电容器里面是没有电流的,所以,当我们把曲面选择成这个样子的时候,结果就是根本没有电流穿过这个曲面。

也就是说,如果选图 14.1 中的曲面,有电流穿过曲面,按照安培环路定理,它是肯定会产生一个环绕磁场的。但是,如果选择图 14.2 中的曲面,那就没有电流通过这个曲面,按照安培环路定理就不会产生环绕磁场。而安培环路定理只限定曲面的边界,并不管曲面的其他地方,于是我们就看到这两个相同边界的曲面会得到完全不同的结论,这就只能说明:安培环路定理错了,或者至少它并不完善。

我们再来想一想,电容器在充电的时候电路中是有电流的,所以它周围应该是会产生磁场。但是,当我们选择图 14.3 中那个大口袋形的曲面的时候,却并没有电流穿过这个曲面。那么,到底这个磁场是怎么来的呢?

我们再来仔细分析一下电容器充电的过程:电池驱使着电荷不断地向电容器聚集,电容器中间虽然没有电流,但是它两边聚集的电荷却越来越多。电荷越来越多的话,在电容器两个夹板之间的电场强度是不是也会越来越大呢? 电场强度越来越大的话,有没有嗅到什么熟悉的味道?

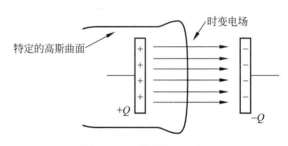

特定的高斯曲面   时变电场   +Q   -Q

图 14.3　电容器的充电过程

没错,电场强度越来越大,那么通过这个曲面的电通量也就越来越大。因此,我们可以看到虽然没有电流通过这个曲面,但是通过这个曲面的电通量却发生了改变。这样,我们就可以非常合理地把"变化的电通量"这一项也添加到产生磁场的原因里。因为这项工作是麦克斯韦完成的,所以添加了这一项之后的新公式就是麦克斯韦方程组的第四个方程——安培-麦克斯韦定律:

$$\oint_C \boldsymbol{B} \cdot \mathrm{d}\boldsymbol{l} = \mu_0 \left(I_{\text{enc}} + \varepsilon_0 \frac{\mathrm{d}}{\mathrm{d}t} \int_S \boldsymbol{E} \cdot \mathrm{d}\boldsymbol{a} \right)$$

把它和安培环路定理对比一下,就会发现它只是在右边加了变化的电通量这一项,其他的都原封未动。$\boldsymbol{E} \cdot \boldsymbol{a}$ 是电通量,套个面积分符号就表示通过曲面 S 的电通量,再加个 $\mathrm{d}/\mathrm{d}t$ 就表示通过曲面 S 电通量变化的快慢。因为在讲法拉第定律的时候我们详细讲了通过曲面磁通量变化的快慢,这里只是把磁场换成了电场,其他都没变。

ε_0 是真空中的介电常数,把这个常数和电通量变化的快慢乘起来就会得到一个跟电流的单位相同的量,它被称为位移电流,如下式:

$$I_d = \varepsilon_0 \frac{\mathrm{d}}{\mathrm{d}t}\left(\int_S \boldsymbol{E} \cdot \mathrm{d}\boldsymbol{a}\right)$$

所以,我们经常能够听到别人说麦克斯韦提出了位移电流假说。其实,它的核心就是添加了"变化的电通量也能产生磁场"这一项,因为当时并没有实验能证明这一点,所以只能暂时称之为假说。在安培环路定理里添加了这一项之后,新生的安培-麦克斯韦定律就能跟其他的几条定律和谐相处了。而麦克斯韦之所以能够从他的方程组里预言电磁波的存在,最后添加这项"变化的电通量产生磁场"至关重要。

因为你想想,预言电磁波的关键就是"变化的电场产生磁场,变化的磁场产生电场",这样变化的磁场和电场就能相互感生传向远方,从而形成电磁波。而变化的电场能产生磁场,这不就是麦克斯韦添加的这一项的核心内容吗?电场变了,电通量变了,于是就产生了磁场。至于麦克斯韦方程组如何推导出电磁波,我后面会详细解释,这里只要知道电磁波的产生跟位移电流的假说密切相关就行了。

15 | 麦克斯韦方程组（积分形式）

至此，麦克斯韦方程组的 4 个方程——描述静电的高斯电场定律、描述静磁的高斯磁场定律、描述磁生电的法拉第定律和描述电生磁的安培-麦克斯韦定律的积分形式就都说完了。把它们都写下来就是这样：

$$
\begin{cases}
\displaystyle\oint_S \boldsymbol{E} \cdot \mathrm{d}\boldsymbol{a} = \frac{1}{\varepsilon_0} Q_{\mathrm{enc}} \\[2mm]
\displaystyle\oint_S \boldsymbol{B} \cdot \mathrm{d}\boldsymbol{a} = 0 \\[2mm]
\displaystyle\oint_C \boldsymbol{E} \cdot \mathrm{d}\boldsymbol{l} = -\int_S \frac{\partial \boldsymbol{B}}{\partial t} \cdot \mathrm{d}\boldsymbol{a} \\[2mm]
\displaystyle\oint_C \boldsymbol{B} \cdot \mathrm{d}\boldsymbol{l} = \boldsymbol{\mu}_0 \left(I_{\mathrm{enc}} + \varepsilon_0 \frac{\mathrm{d}}{\mathrm{d}t} \int_S \boldsymbol{E} \cdot \mathrm{d}\boldsymbol{a} \right)
\end{cases}
$$

高斯电场定律说穿过闭合曲面的电通量正比于这个曲面包含的电荷量。

高斯磁场定律说穿过闭合曲面的磁通量恒等于 0。

法拉第定律说穿过曲面的磁通量的变化率等于感生电场的环流。

安培-麦克斯韦定律说穿过曲面的电通量的变化率和曲面包含的电流等于感生磁场的环流。

我们看到,通量一直都是非常重要的一个概念。

如果一个曲面是闭合的,那么通过它的通量就是曲面里面某种东西的量度。因为自然界存在独立的电荷,所以高斯电场定律的右边就是电荷量的大小,因为我们还没有发现磁单极子,所以高斯磁场定律右边就是 0。

如果一个曲面不是闭合的,那么它就无法包住什么,就不能成为某种量的量度。但是,一个曲面如果不是闭合的,它就有边界,于是我们就可以看到这个非闭合曲面的通量变化会在它的边界感生出某种旋涡状的场,这种场可以用环流来描述。因而,我们就看到了:如果这个非闭合曲面的磁通量改变了,就会在这个曲面的边界感生出电场,这就是法拉第定律;如果这个非闭合曲面的电通量改变了,就会在这个曲面的边界感生出磁场,这就是安培-麦克斯韦定律的内容。

所以,当我们用闭合曲面和非闭合曲面的通量把这 4 个方程串起来的时候,你会发现麦克斯韦方程组还是很有头绪的,并不是那么杂乱无章。闭上眼睛,想象空间中到处飞来飞去的电场线、磁感线,它们有的从一个闭合曲面里飞出来,有的穿过一个闭合曲面,有的穿过一个普通的曲面然后在曲面的边界又产生了新的电场线或者磁感线。它们就像漫天飞舞的音符,而麦克斯韦方程组就是它们的指挥官。

16 | 结 语

有很多朋友以为麦克斯韦方程组就是麦克斯韦写的一组方程，现在知道并非如此。如我们所见，麦克斯韦方程组虽然有 4 个方程，但是其中有三个半(高斯电场定律、高斯磁场定律、法拉第定律、安培环路定理)是在麦克斯韦之前就已经有了的，真正是麦克斯韦加进去的只有安培-麦克斯韦定律里"电通量的变化产磁场"那一项。知道了这些，有些人可能就会觉得麦克斯韦好像没那么伟大了。

其实不然，在麦克斯韦之前，电磁学领域已经有非常多的实验定律，但是这些定律哪些是根本，哪些是表象？如何从这一堆定律中选出最核心的几个，然后建立一个完善自洽的模型解释一切电磁学现象？这原本就是极为困难的事情。更不用说麦克斯韦在没有任何实验证据的情况下，凭借自己天才的数学能力和物理直觉直接修改了安培环路定理，修正了几个定律之间的矛盾，然后还从中发现了电磁波。所以，丝毫没有必要因为麦克斯韦没有发现方程组的全部方程而觉得他不够伟大。

这样，麦克斯韦方程组的积分形式就讲完了。积分主要是从通量、环流，从宏观的角度来描述电磁学，大家只要仔细琢磨琢磨，应该还是比较容易理解的，后面我们再讲麦克斯韦方程组的微分形式。

最美的方程，愿你能懂她的美。

第二篇

微 分 篇

在第一篇里,长尾君带着大家从零开始一步一步认识了麦克斯韦方程组的积分形式,这里我们再来看看它的微分形式。

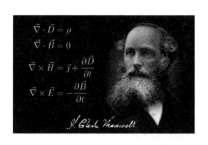

在积分篇里,我们一直在跟电场、磁场的通量和环流打交道。我们任意画一个曲面,这个曲面可以是闭合的,也可以不是,然后我们让电场线、磁感线穿过这些曲面,它们就两两结合形成了 4 个积分形式的方程组。从这里我们能感觉到:麦克斯韦方程组的积分形式是从宏观角度来描述问题,这些曲面都是宏观可见的东西。那微分形式呢?微分形式似乎应该从微观角度去看问题,那么我们要怎样把曲面、通量这些宏观上的东西弄到微观里来呢?

一个很简单的想法就是:让宏观上的东西不断缩小,直到缩小成一个点,这样不就进入微观了吗?积分形式的麦克斯韦方程组需要选定一个曲面,但是它并没有限定这个曲面的大小,可以把这个曲面选得很大,也可以选得很小。当把这个曲面选得很小的时候,麦克斯韦方程组的积分形式就自然变成了微分形式。所以,微分形式的基本思想还是很简单的,它真正麻烦的地方是在于如何寻找一种方便的计算方式,这些我后面会细说。

因为微分形式和积分形式的这种承接关系,我建议大家尽量先看看积分篇的内容。在积分篇里,我是从零开始讲电磁学,讲麦克斯韦方程组,所以阅读起来不会有什么门槛。但到了微分篇,前面已经详细说了一些东西(诸如电场、通量、环流等概念)这里就不会再细说了。长尾君不会从天而降地抛出一个东西，如果在这里遇到了什么难以理解的东西，可以看看是不是在前面的积分篇已经说过了。

好，下面进入正题。在积分篇里我跟大家讲过，麦克斯韦方程组总共有 4 个方程，分别描述了静电（高斯电场定律）、静磁（高斯磁场定律）、磁生电（法拉第定律）、电生磁（安培-麦克斯韦定律）。这 4 个方程各有积分和微分两种形式，积分形式我们上篇已经说过了，微分形式我们还是按照顺序，也从静电开始。

17 | 微分形式的静电

在积分篇里,我们是这样描述静电的:在空间里任意画一个闭合曲面,那么通过闭合曲面的电场线的数量(电通量)就跟这个曲面包含的电荷量成正比。用公式表述就是这样:

$$\oint_S \boldsymbol{E} \cdot \mathrm{d}\boldsymbol{a} = \frac{1}{\varepsilon_0} Q_{\text{enc}}$$

这就是积分形式的高斯电场定律:左边表示通过闭合曲面 S 的电通量($\boldsymbol{E}$ 是电场强度,我们把面积为 S 的闭合曲面分割成许多小块,每一个小块用 $\mathrm{d}\boldsymbol{a}$ 表示,那么通过每一个小块面积的电通量就可以写成 $\boldsymbol{E} \cdot \mathrm{d}\boldsymbol{a}$。套上一个积分符号就表示把所有小块的电通量累加起来,这样就得到了通过整个闭合曲面 S 的电通量),右边的 Q_{enc} 就表示闭合曲面包含的电荷量,ε_0 是个常数。这些内容我在积分篇里都详细说过了,这里不再多言。

下面是重点:因为这个闭合曲面 S 是可以任意选取的,它可以大也可以小,可以是球面也可以是各种不同形状的闭合曲面。那么我们就不妨来学习一下孙悟空,变小、变小再变小,我让这个闭合曲面也一直缩小,缩小到无穷小,那么这时候高斯电场定律会变成什么样子呢?

这里会涉及一点点极限的概念。我们这样考虑:一个闭合曲面缩小到无穷小，其实就是它的表面积或者体积无限趋向于 0。也就是说，我假设有一个球的体积为 ΔV，然后让这个 ΔV 无限趋近于 0，这样就可以表示这个球缩小到无穷小了。用数学符号可以记成这样：

$$\lim_{\Delta V \to 0}$$

lim 是极限的符号，ΔV 通过一个箭头指向 0 可以很形象地表示它无限趋近于 0。有了这个极限的概念，我们就可以很自然地表示通过这个无穷小曲面的电通量了（直接在电通量的前面加个极限符号），这时候高斯电场定律就成了这样：

$$\lim_{\Delta V \to 0} \oint_S \boldsymbol{E} \cdot \mathrm{d}\boldsymbol{a} = \frac{1}{\varepsilon_0} Q_{\mathrm{enc}}$$

于是，我们就把高斯电场定律从宏观拉到了微观：方程的左边表示曲面缩小到无穷小时的电通量，方程的右边表示无穷小曲面包含的电荷量。但是，当曲面缩小到无穷小的时候，我们再使用电荷量 Q 就不合适了，我们改用电荷密度（符号为 ρ）。电荷密度，从名字上我们就能猜出它表示的是单位体积内包含电荷量的大小，所以它的表达式应该是用电荷量除以体积，即：$\rho = Q/V$。

所以，如果我们把微观的高斯电场定律左右两边都同时除以体积 ΔV，那么右边的电荷量 Q 除以体积 ΔV 就变成了电荷密度 ρ，左边我们也再除以一个 ΔV，那么公式就变成了下面这样：

$$\lim_{\Delta V \to 0} \frac{1}{\Delta V} \oint_S \boldsymbol{E} \cdot \mathrm{d}\boldsymbol{a} = \frac{1}{\varepsilon_0} \cdot \frac{Q_{\mathrm{enc}}}{\Delta V} = \frac{\rho}{\varepsilon_0}$$

公式的右边除以一个体积 ΔV，就成了电荷密度 ρ 除以真空介电常数 ε_0，那左边呢？左边原来是通过无穷小曲面的电通量，它除以一个体积 ΔV 之后表示什么呢？这一长串的东西，我们给它取了个新名字：散度。

也就是说,电场 E 在一个点(被无穷小曲面围着的这个点)上的散度被定义为电场通过这个无穷小曲面的电通量除以体积。散度的英文表示是 divergence,所以我们通常就用 div(E) 表示电场 E 的散度,即:

$$\mathrm{div}(E) = \lim_{\Delta V \to 0} \frac{1}{\Delta V} \oint_S E \cdot \mathrm{d}a$$

于是,高斯电场定律的微分形式就可以表示成这样:

$$\mathrm{div}(E) = \frac{\rho}{\varepsilon_0}$$

它告诉我们:电场在某点的散度跟该点的电荷密度成正比。

然后呢?微分篇的第一个方程就这样说完了?这只不过是把高斯电场定律积分形式的曲面缩小到了无穷小,然后两边同时除了一个体积,右边凑出了一个电荷密度,左边凑出一大堆东西,这个新东西叫散度。那这个散度到底有什么物理意义?我要如何去计算具体的散度(你用无穷小通量去定义散度倒是好定义,但是这样计算可就麻烦了)?还有,很多人多多少少知道一些麦克斯韦方程组的样子,虽然不是很懂,那个倒三角符号∇还是记得的,可这公式里为什么没有∇符号呢?

18 | 初入江湖的 ∇

没错，我们用无穷小曲面的通量和体积的比值来定义散度，这样定义是为了突出它跟通量之间的联系，也方便大家从积分的思维自然地转化到微分的思维中来。但是，这种定义在具体计算的时候是没什么用的，我们不会通过去计算无穷小曲面的通量和体积的比值来计算一个点的散度，因为这样实在是太麻烦了。我们有种更简单的方式来计算电场在某个点的散度，而这种方法，就会使用到我们熟悉的倒三角符号 ∇。

在这种新的表示方法里，电场 E 的散度可以被写成这样：$\nabla \cdot E$，于是我们就可以用这个东西替换掉方程左边 $\mathrm{div}(E)$，那么麦克斯韦方程组的第一个方程——描述静电的高斯电场定律的微分形式就可以写成这样：

$$\nabla \cdot E = \frac{\rho}{\varepsilon_0}$$

这样写的话，是不是就感觉熟悉多了？也就是说，同样是为了表示散度，我们用 $\nabla \cdot E$ 代替了原来无穷小曲面通量和体积比值那么一大串的东西。而且这样还非常好计算，使用这种新的方式，只要给出一个电场，分分钟就可以把电场的散度写出来。这种倒三角符号 ∇，绝对是符号简化史上的奇迹。

所以，接下来的工作，或者说理解麦克斯韦方程组的微分形式的核心内容，就是要告诉大家这个倒三角符号∇到底是什么意思，∇·（后面加了一个点）又是什么意思？为什么∇·E可以表示电场强度E的散度？为什么∇·E跟我们前面散度的定义 div(E)是等价的？也就是说：

$$\nabla \cdot E = \lim_{\Delta V \to 0} \frac{1}{\Delta V} \oint_S E \cdot \mathrm{d}a$$

为什么上面的式子是相等的，而且都可以用来表示电场强度E的散度？

这就是我在开篇说的：微分形式的基本思想还是很简单的，它真正麻烦的地方在于如何寻找一种方便计算的方式，这种方便的计算方式自然就是∇。那么，我们接下来就把电磁相关的物理内容搁置一旁，先一起来看一看这个传奇符号∇的前世今生，理解了它，就理解了麦克斯韦方程组的微分形式的精髓。

19 | 从导数说起

要理解∇,我们还是得先再来看一看衡量事物变化快慢的概念:导数。说"再"是因为我们在积分篇里已经讲过了:法拉第发现了电磁感应,发现变化的磁场能产生电场,而且磁场变化得越快,产生的电场越大。这里我们就需要这样一个量来描述磁场变化的快慢,只不过当时没有展开说。

还是借用身高的例子来看看我们是如何描述变化的快慢的。一个人在十二三岁的时候一年可以长 10cm,我们说他这时候长得快;到了十七八岁的时候可能一年就只能长 1cm,我们就说他长得慢。也就是说,我们衡量一个量(这里就是身高,假设身高用 y 表示)变化快慢的方法是:给定一个变化的时间 dt(比如一年,或者更小),看看这个量的变化 Δy 是多少,如果这个量的变化很大,我们就说它变化得很快,反之,则变化得慢。

这里先稍微解释一下 Δy 和 dy 的区别:如图 19.1 所示,我们假设函数在 x 轴上有一个增量 Δx,这个用 Δx 或者 dx 表示都一样,两者相等。但是,这个在 x 轴上的变化带来的 y 轴上的变化就不一样了:Δy 表示的是 y 轴实际的变化量,是用前后两个不同的 x 对应的 y 值直接相减得到的真实结果;而 dy 则不是,dy 是在 M 点做了一条切线,然后用这条直线来代替曲线,当 x 轴上变化了

Δx 的时候这条直线对应 y 的变化。

从图 19.1 我们可以看到：Δy 的值是要比 $\mathrm{d}y$ 大一点点的，但是随着 Δx 或者 $\mathrm{d}x$ 的减小，它们之间的差值会急速减小，比 Δx 减小的快得多，这个差值也就是我们常说的高阶无穷小。Δy 叫作函数从一点到另一点的增量，而 $\mathrm{d}y$ 则被叫作函数的微分，或者叫它的线性主部。"以直（$\mathrm{d}y$）代曲（Δy）"是现代微积分的一个核心思想，从这个图里可见一斑。

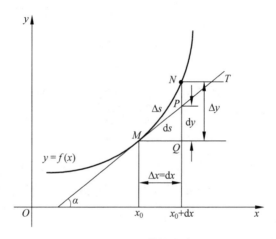

图 19.1　函数的微分

在微积分刚创立的时候，莱布尼茨把 $\mathrm{d}x$ 看作一个接近 0 但又不等于 0 的无穷小量，这种"朴素"的思维很符合直觉，而且用这种思想来计算也没什么错，但它的基础是非常不牢固的。正是这种幽灵般的无穷小量 $\mathrm{d}x$（时而可以看作 0，时而可以当除数约分）导致了第二次数学危机，数学家们经过一个多世纪的抢救才给微积分找到了一个坚实的地基：极限理论。

这段内容不是太理解没关系（感兴趣的可以参考我写的微积分），大家只要知道我们可以用 $\mathrm{d}y/\mathrm{d}x$ 表示函数在 M 点的导数（在这里就是切线的斜率),可以用它来表示图像在这里变化的快慢就行了。

再回到人的身高随年龄变化的这个例子里来。人在各个年龄 t 都会对应一个身高 y,这每个(t,y)就对应了图上的一个点,把这些点全都连起来大致就能得到图 19.2 的图像:

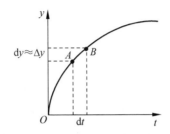

图 19.2 身高随年龄的变化图

在导数 dy/dt 大的地方,图形里的斜率很大,通俗地说就是曲线很陡峭;而导数很小的地方,对应的曲线就很平缓。

在这个例子里,身高 y 是随着年龄 t 变化而变化,也就是说,给定任何一个 t 的值,都有一个 y 的值跟它对应,我们就可以说身高 y 是一个关于年龄 t 的函数(function),记做 $y=f(t)$。这个 f 就是 function 的缩写,函数就是这样一种对应(映射)关系。在这里,身高 y 的值只跟年龄 t 一个变量相关,我们就说这是一个一元函数。但是,如果我们的问题稍微复杂一些,某个量不止跟一个量有关,而是跟多个量有关呢?

20 | 多个变量的偏导数

　　比如山的高度,一座山在不同点的高度是不一样的,而在地面上确定一个点的位置需要经度和纬度两个信息。或者,我们可以在地面上建立一个坐标系,然后地面上每一个点都可以用(x,y)来表示。因为每一个位置(x,y)都对应了那个地方山的高度z,那么z就成了一个关于x和y的函数,记作$z=f(x,y)$。因为山的高度z需要两个变量x和y才能确定,所以我们说$z=f(x,y)$是一个二元函数。

　　再例如,房间的每一个点都有一个温度,所以房间的温度T是一个关于房间内空间点的函数,而房间里每一个点的位置需要长宽高3个变量(x,y,z)才能确定。所以,房间里的温度T是一个关于x,y,z的三元函数,记作$T=f(x,y,z)$。

　　我们再回过头来看看导数,在一元函数$y=f(t)$里,我们用$\mathrm{d}y/\mathrm{d}t$来表示这个函数的导数,导数越大的地方曲线变化得越快。因为一元函数的图像是一条曲线,曲线上的一个点只有一个方向(要么往前,要么往后,反正都是沿着x轴方向),所以我们可以直接用$\mathrm{d}y/\mathrm{d}t$表示函数变化得有多快。但是,如果这个函数不是一元函数,而是二元、三元等多元函数呢?

　　比如山的高度z是关于位置x,y的二元函数$z=f(x,y)$(图 20.1),这时候地面上的每一个点(x,y)都对应一个值,它的函

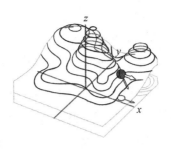

图 20.1　山的高度是关于位置的二元函数

数图像就是一个曲面(如山的表面),而不再是一条曲线。而我们都知道,曲面上的每一个点都有无数个方向(前后左右 360° 都可以),x 和 y 只是这无数方向中的两个,那我们要如何把握这无数个方向上的高度变化快慢呢?

　　当然,我们不可能把这无数个方向都一一找出来,也没这个必要。虽然一个平面上有无数个点,但我只用 x 和 y 这两个方向组成的 (x, y) 就可以表示所有的点。同样的,虽然在函数曲面上的一点有无数个方向,不同方向上函数变化的快慢不一样,但我们只要知道了其中的两个,就能把握很多信息。

　　那我们要如何表示函数 z 沿着 x 轴方向变化的快慢呢? 直接用 $\mathrm{d}z/\mathrm{d}x$ 吗? 好像不太对,因为 z 是一个关于 x 和 y 的二元函数,它的变量有两个,这样直接用 $\mathrm{d}z/\mathrm{d}x$ 合适吗? 但是,如果在考虑 x 轴方向的时候,把 y 看作一个常数,也就是把 y 轴固定住,这样函数 z 就只跟 x 相关了,于是我们就把一个二元函数(曲面)变成了一个一元函数(曲线)。

　　如图 20.2 所示,当固定 $y=1$ 的时候,这个曲面就被 $y=1$ 的平面切成了两半,而平面与曲面相交的地方就出现了一条曲线。这条曲线其实就是当固定 $y=1$ 的时候,函数 z 的图像,只不过这时候 z 只跟 x 一个变量有关,所以它变成了一个一元函数。于是,我们就可以仿照一元函数的方法定义导数了,也就是说:虽然我们在 $z=f(x,y)$ 上无法直接定义导数,但是如果我们把 y 固定起来了,这时候二元函数的曲面就变成了一元函数的曲线,那么我们就在曲线上定义导数了。这种把 y 的值固定,然后计算函数在 x 轴方向上的导数,叫作关于 x 的偏导数,记作 $\partial z/\partial x$。同样的,如果我们把 x 的值固定,计算函数在 y 轴方向上的导数,那自然就是关于 y 的偏导数,记作 $\partial z/\partial y$。

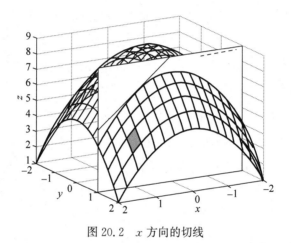

图 20.2　x 方向的切线

21 | 全微分

有了偏导数的概念，我们就有办法写出 dz 和 dx、dy 之间的关系了。在一元函数里，导数是 dy、dt，我们自然就可以写出 dy 和 dt 之间的关系：

$$dy = \left(\frac{dy}{dt}\right) dt$$

那么，到了二元函数 $z = f(x, y)$ 的时候呢？我们想象有个人在山的一点要往另一点爬，我们让他先沿着 x 轴的方向爬（也就是固定住 y 的值），假设他沿 x 轴移动了 dx。根据上面偏导数的定义，如果我们把 y 的值固定了，他在 x 轴方向上的导数是可以用偏导数 $\partial z/\partial x$ 来表示，那么在他沿着 x 轴移动的时候，他上升的高度就可以写成 $(\partial z/\partial x) \cdot dx$。同样的，接下来他沿着 y 轴方向走的时候，他上升的高度就可以写成 $(\partial z/\partial y) \cdot dy$。我们把这两个部分上升的高度加起来，不就得到了最终爬山的高度变化 dz 了吗？也就是说：

$$dz = \left(\frac{\partial z}{\partial x}\right) dx + \left(\frac{\partial z}{\partial y}\right) dy$$

这个公式我们可以把它叫作全微分定理，它其实是对上面一元函数导数关系的一个自然推广。它告诉我们，虽然在曲面的一个点上有无数个方向,但是只要我们掌握了其中 x 和 y 两个方向上的偏导数,我们就能把握它的函数变化 dz。还原到爬山的这个例子上来,这个公式是在告诉我们:如果知道沿着 x 轴和 y 轴分别走了多少,然后知道这座山在 x 轴和 y 轴方向的倾斜度(即偏导数)是多少,那就能知道爬山的纯高度变化有多少。

我们费了这么多劲就为了推出这个公式,那么这个公式里肯定隐藏了什么重要的东西。不过,现在这种形式还不容易看清楚,我们还得稍微了解一点矢量分析的内容,把公式拆成矢量点乘的形式,那样就很明显了。

22 | 再谈矢量点乘

关于矢量点乘的事情，我在积分篇的第六节就已经说过一次了，因为电场的通量 Φ 就是电场强度 E 和面积 a 的点乘：$\Phi = E \cdot a$。因为矢量是既有大小又有方向的量，而我们小时候学习的乘法只管大小不管方向，所以两个矢量之间就得重新定义一套乘法规则，而最常见的就是点乘（符号为"·"）。

两个矢量 $\overrightarrow{OA}$、$\overrightarrow{OB}$ 的点乘被定义为：$\overrightarrow{OA} \cdot \overrightarrow{OB} = |\overrightarrow{OA}||\overrightarrow{OB}| \cdot \cos\theta$。它表示一个矢量 $\overrightarrow{OA}$ 在另一个矢量 $\overrightarrow{OB}$ 上的投影 OC（$OC = |\overrightarrow{OA}|\cos\theta$）和矢量 $\overrightarrow{OB}$ 的大小的乘积，可见两个矢量点乘之后的结果是一个标量（只有大小没有方向）（图 6.1）。

这些内容在第一篇"06 矢量的点乘"中都已经说了，这里我们再来看看矢量点乘的几个性质。

性质 1：点乘满足交换律，也就是说，$\overrightarrow{OA} \cdot \overrightarrow{OB} = \overrightarrow{OB} \cdot \overrightarrow{OA}$。这个很明显，因为根据定义，前者的结果是 $|\overrightarrow{OA}||\overrightarrow{OB}|\cos\theta$，后者的结果是 $|\overrightarrow{OB}||\overrightarrow{OA}|\cos\theta$，它们明显是相等的。

性质 2：点乘满足分配律，也就是说，$\overrightarrow{OA} \cdot (\overrightarrow{OB} + \overrightarrow{OC}) = \overrightarrow{OA} \cdot \overrightarrow{OB} + \overrightarrow{OA} \cdot \overrightarrow{OC}$。这个稍微复杂一点，我这里就不作证明了，当作习题留给大家。

性质 3：如果两个矢量相互垂直，那么它们点乘的结果为 0。

这个也好理解,如果两个矢量垂直,那么一个矢量在另一个矢量上的投影不就是一个点了吗?一个点的大小肯定就是 0 啊,0 乘以任何数都是 0。如果大家学习了三角函数,从 $\cos 90° = 0$ 就可以一眼看出来。

性质 4:如果两个矢量方向一样,那么它们点乘的结果就是它们大小相乘。理解了性质 3,再理解性质 4 就非常容易了,从 $\cos 0° = 1$ 也能一眼便知。

此外要注意的是,点乘是不满足结合律的,也就是说,没有 $(\overrightarrow{OA} \cdot \overrightarrow{OB}) \cdot \overrightarrow{OC} = \overrightarrow{OA} \cdot (\overrightarrow{OB} \cdot \overrightarrow{OC})$,为什么?因为两个矢量点乘之后的结果是一个标量,而让一个标量去点乘另一个矢量压根就没有意义,点乘是两个矢量之间的运算。

我们小学就开始学的加法、乘法满足交换律、结合律、分配律,而矢量的点乘除了不能用结合律以外,其他的都满足。我这样写是为了告诉大家:点乘虽然是一种新定义的运算,但是它和我们平常接触的加法、乘法还是很类似的,大家不用对这种陌生的运算产生未知的恐惧。

23 | 坐标系下的点乘

对于矢量，我们可以建立一个坐标系。坐标系的原点在矢量的尾端，那么另一端就可以用一个坐标点来表示了。

如图 23.1 所示，A 点的坐标是 $(4,3)$，那么这个矢量 $\overrightarrow{OA}$ 就可以记为 $(4,3)$。然后，我们把矢量 $\overrightarrow{OA}$ 沿着 x 轴 y 轴做一个分解：

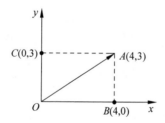

图 23.1　将矢量 $\overrightarrow{OA}$ 分解成 $\overrightarrow{OB}+\overrightarrow{OC}$

于是，矢量 $\overrightarrow{OA}$ 就可以表示成：$\overrightarrow{OA}=\overrightarrow{OB}+\overrightarrow{OC}$（矢量的加法就是把两个矢量首尾相连，所以 $\overrightarrow{OB}+\overrightarrow{BA}=\overrightarrow{OA}$，而 $\overrightarrow{BA}=\overrightarrow{OC}$，于是得出上面的结论）。这时候，如果在 x 轴上定义一个单位矢量 $\boldsymbol{x}=(1,0)$，那么 $\overrightarrow{OB}$ 的长度是 $\boldsymbol{x}$ 长度的 4 倍，而它们的方向又一样，所以矢量 $\overrightarrow{OB}=4\boldsymbol{x}$。同样的，在 y 轴上定义一个单位矢量 $\boldsymbol{y}=(0,1)$，那么 $\overrightarrow{OC}=3\boldsymbol{y}$。于是，$\overrightarrow{OA}$ 就可以重新写成：$\overrightarrow{OA}=\overrightarrow{OB}+\overrightarrow{OC}=4\boldsymbol{x}+3\boldsymbol{y}$。

这样的话，任意一个矢量 (x_1,y_1) 都可以写成 $x_1\boldsymbol{x}+y_1\boldsymbol{y}$。于

是我们就成功地把矢量里的那个括号给丢弃,把坐标表示的矢量变成了我们熟悉的加法运算。这里要特别区分:x_1,y_1 是坐标,是数,是标量,而黑体的 $\boldsymbol{x},\boldsymbol{y}$ 代表的是单位矢量。那么矢量的点乘就可以写成这样:$(x_1,y_1)\cdot(x_2,y_2)=(x_1\boldsymbol{x}+y_1\boldsymbol{y})\cdot(x_2\boldsymbol{x}+y_2\boldsymbol{y})$。因为点乘是满足分配律(见性质 2)的,所以我们可以把上面的结果直接完全展开成:$x_1x_2\boldsymbol{x}\cdot\boldsymbol{x}+x_1y_2\boldsymbol{x}\cdot\boldsymbol{y}+y_1x_2\boldsymbol{y}\cdot\boldsymbol{x}+y_1y_2\boldsymbol{y}\cdot\boldsymbol{y}$。

然后下面是重点:因为矢量 $\boldsymbol{x}$ 和 $\boldsymbol{y}$ 是分别沿着 x 轴和 y 轴的,所以它们是相互垂直的,而根据性质 3,两个矢量如果相互垂直,它们的点乘结果就是 0。也就是说,$\boldsymbol{x}\cdot\boldsymbol{y}=\boldsymbol{y}\cdot\boldsymbol{x}=0$,那么我们展开式的中间两项 $x_1y_2\boldsymbol{x}\cdot\boldsymbol{y}+y_1x_2\boldsymbol{y}\cdot\boldsymbol{x}$ 就直接等于 0。而根据性质 4,$\boldsymbol{x}\cdot\boldsymbol{x}=\boldsymbol{y}\cdot\boldsymbol{y}=1$(因为 $\boldsymbol{x}$ 和 $\boldsymbol{y}$ 都是长度为 1 的单位矢量,自己跟自己点乘方向肯定一样)。

于是,我们就可以发现两个矢量点乘之后的结果只剩下第一项和第四项的系数部分了,也就是说:$(x_1,y_1)\cdot(x_2,y_2)=(x_1\boldsymbol{x}+y_1\boldsymbol{y})\cdot(x_2\boldsymbol{x}+y_2\boldsymbol{y})=x_1x_2+y_1y_2$。

24 | 梯度的诞生

对于很多高中生来说,这只是一个熟悉得不能再熟悉的结论,但是我还是从头到尾给大家扎扎实实地推导了一遍。我不喜欢那种凭空突然冒出一个结论的感觉,所以希望读者看我的文章,每个结论得出来都是踏踏实实的,都是严密的逻辑推导出来的。这个式子有什么用呢?我们看看它的后面一半:

$$(x_1 \boldsymbol{x} + y_1 \boldsymbol{y}) \cdot (x_2 \boldsymbol{x} + y_2 \boldsymbol{y}) = x_1 x_2 + y_1 y_2$$

再对比一下我们上面推导出来的全微分定理:

$$\mathrm{d}z = \left(\frac{\partial z}{\partial x}\right)\mathrm{d}x + \left(\frac{\partial z}{\partial y}\right)\mathrm{d}y$$

这个全微分定理方程的右边跟矢量点乘的方程右边是不是很像?都是两个量相乘然后把结果加起来。如果我们把 $\mathrm{d}x$ 看作 x_2,$\mathrm{d}y$ 看作 y_2,两个偏导数看作 x_1 和 y_1,那么我们就可以按照这个点乘的公式把这个全微分定理方程拆成两个矢量点乘的样子,即 $\mathrm{d}z$ 可以写成这样:

$$\mathrm{d}z = \left(\frac{\partial z}{\partial x}\boldsymbol{x} + \frac{\partial z}{\partial y}\boldsymbol{y}\right) \cdot (\mathrm{d}x\boldsymbol{x} + \mathrm{d}y\boldsymbol{y})$$

于是,$\mathrm{d}z$ 就被我们拆成了两个矢量点乘的样子,我们再来仔细看看这两个矢量:右边的这个矢量的两个分量分别是 $\mathrm{d}x$ 和 $\mathrm{d}y$,这

分别是沿着 x 轴和 y 轴移动无穷小的距离,它们相加的结果用 $\mathrm{d}\boldsymbol{l}$ 来表示:

$$\mathrm{d}\boldsymbol{l} = \mathrm{d}x\boldsymbol{x} + \mathrm{d}y\boldsymbol{y}$$

左边矢量的两个分量分别是函数 $z = f(x, y)$ 对 x 和 y 的两个偏导数,这个用一个新的符号来表示它:

$$\nabla z = \frac{\partial z}{\partial x}\boldsymbol{x} + \frac{\partial z}{\partial y}\boldsymbol{y}$$

绕了这么久,我们终于看到 ∇ 符号了,这个 ∇z 的名字就叫: z 的梯度。把左右两边的矢量都单独拎出来之后,我们可以把原来的式子写成更简单的样子:

$$\mathrm{d}z = \nabla z \cdot \mathrm{d}\boldsymbol{l}$$

这一段信息量有点大,对于没接触过矢量分析的人来说可能会稍有不适。我们前面绕那么大弯子讲全微分 $\mathrm{d}z$,讲矢量的点乘,都是为了引出这个式子,然后从中提炼出梯度 ∇z 的概念。不是很理解的朋友可以好好看一看上面的内容,多想一下。

搞懂了这些事情的来龙去脉之后,就来重点看看我们引出来的 ∇z,也就是 z 的梯度。

25 | 梯度的性质

这个梯度我们要怎么去看呢？首先∇z是一个矢量，是矢量就既有大小又有方向，我们先来看看梯度的方向。

式子$dz = \nabla z \cdot dl$把dz表示成了两个矢量的点乘，那我们再根据矢量点乘的定义把它们展开，就可以写成这样：

$$dz = \nabla z \cdot dl = |\nabla z||dl|\cos\theta$$

这个dz则表示山高度的一个微小变化，那么，沿着哪个方向走这个变化是最快的呢？也就是说，选择哪个方向会使dz的变化最大？

$\cos\theta$表示的是直角三角形里邻边和斜边的比值，而斜边总是比两个直角边大的，所以它的最大值只能取1（极限情况，$\theta = 0°$的时候），最小值为0（$\theta = 90°$）。而根据上面的$dz = |\nabla z||dl|\cos\theta$，显然要让$dz$取得最大值，就必须让$\cos\theta$取最大值1，也就是必须让$\nabla z$和$dl$这两个矢量的夹角$\theta = 0°$。

两个矢量的夹角等于0是什么意思？就是这两个矢量的方向一样。也就是说：如果移动的方向（dl的方向）跟梯度∇z的方向一致的时候，dz的变化最大，即高度变化最大。这就告诉我们：梯度∇z的方向就是高度变化最快的方向，就是山坡最陡的方向。

　　假设你站在一个山坡上四处遥望,那个最陡的方向就是梯度的方向,如果你去测量这个方向的斜率,那就是梯度的大小。所以,梯度这个名字还是非常形象的。

26 ▽算子

我们再仔细看一下梯度∇z的表示：

$$\nabla z = \frac{\partial z}{\partial x}\boldsymbol{x} + \frac{\partial z}{\partial y}\boldsymbol{y}$$

这是一个矢量，但是它看起来好像是∇和一个标量z"相乘"，我们把z提到括号的外面来，这时候梯度∇z就可以写成这样：

$$\nabla z = \left(\frac{\partial}{\partial x}\boldsymbol{x} + \frac{\partial}{\partial y}\boldsymbol{y}\right)z$$

所以，如果把∇单独拎出来，就得到了这样一个东西：

$$\nabla = \frac{\partial}{\partial x}\boldsymbol{x} + \frac{\partial}{\partial y}\boldsymbol{y}$$

这就值得我们玩味了，这是什么？∇z表示的是二元函数$z = f(x,y)$的梯度，也就是说，先有一个函数z，然后把这个∇往函数z前面一放，就得到z的梯度。从函数z得到z的梯度的具体过程就是对这个函数z分别求x的偏导和y的偏导。

也就是说，单独的∇本身并不是什么具体的东西，它需要一个函数，然后对这个函数进行一顿操作（求x和y的偏导），最后返回一个函数的梯度给你。这就像一个有特定功能的模具：给它一堆面粉，一顿处理之后返回一个饼。但它并不是面粉，也不是饼，它单独的存在没有什么意义，它一定要跟面粉结合才能产生有具体意义的东西。

这种东西叫算子，∇就叫∇算子。基于∇算子的巨大影响力，它还有一大堆其他名字：从它的具体功能上来看，它被称为矢量微分算子；因为它是哈密顿引入的，所以又被称为哈密顿算子；从读音上来说，它又被称为 nabla 算子或者 del 算子。这些大家了解一下，知道其他人在谈论它们的时候都是在指∇算子就行了。

27 | 梯度、散度和旋度

∇算子不是一个矢量,除非把它作用在一个函数上,否则它没什么意义。但是,它在各个方面的表现确实又像一个矢量,只要把∇算子的"作用"看成矢量的"相乘"。

一个矢量一般来说有 3 种"乘法":

(1) 矢量 A 和一个标量 a 相乘:aA。比如,把一个矢量 A 的大小变为原来的 2 倍,方向不变,那这时候就可以写成 $2A$。

(2) 矢量 A 和一个矢量 B 进行点乘:$A \cdot B$。这个点乘我们前文介绍很多了,$A \cdot B = |A||B|\cos\theta$,这里就不说了。

(3) 矢量 A 和一个矢量 B 进行叉乘:$A \times B$。这个叉乘跟点乘类似,也是我们单独针对矢量定义的另外一种乘法,$|A \times B| = |A||B|\sin\theta$。大家可以看到,这个叉乘跟点乘的区别是:点乘是两个矢量的大小乘以它们的余弦值 $\cos\theta$,叉乘是两个矢量的大小乘以它们的正弦值 $\sin\theta$(在直角三角形里,角的对边和斜边的比为正弦 $\sin\theta$,邻边和斜边的比值为余弦 $\cos\theta$)。此外,两个矢量点乘的结果是一个数,而两个矢量叉乘的结果仍然是一个矢量。

那么,同样的,∇算子也有 3 种作用方式:

(1) ∇算子作用在一个标量函数 z 上:∇z。这个 ∇z 我们上面说过了,它表示函数 z 的梯度,可以表示函数 z 变化最快的方向。

（2）∇算子跟一个矢量函数 E 点乘：$\nabla \cdot E$。这就表示 E 的散度，我们开篇讲的高斯电场定律方程的左边就是电场 E 的散度，它就是表示成 $\nabla \cdot E$ 这样。

（3）∇算子跟一个矢量函数 E 叉乘：$\nabla \times E$。它叫 E 的旋度，这个我们后面会再详细说。

这样，我们就以一种很自然的方式引出了这 3 个非常重要的概念：梯度（∇z）、散度（$\nabla \cdot E$）和旋度（$\nabla \times E$）。大家可以看到，∇算子的这 3 种作用跟矢量的 3 种乘法是非常相似的，只不过∇是一个算子，它必须作用在一个函数上才行，所以我们把上面的标量和矢量换成了标量函数和矢量函数。

在描述山的高度的函数 $z = f(x, y)$ 的时候，不同的点 (x, y) 对应不同的山的高度，而山的高度只有大小没有方向，所以这是个标量函数，我们可以求它的梯度 ∇z。但是，电场强度 E 既有大小又有方向，这是一个矢量，所以我们可以用一个矢量函数 $E = f(x, y)$ 表示空间中不同点 (x, y) 的电场强度 E 的分布情况。那么，对这种矢量函数，就不能去求它的梯度了，我们只能去求它的散度 $\nabla \cdot E$ 和旋度 $\nabla \times E$。

为了让大家对这些能够有更直观的概念，我们接下来就仔细看看电场的散度 $\nabla \cdot E$。

28 | 电场强度的散度

当我们把电场的散度写成 $\nabla \cdot \boldsymbol{E}$ 的时候,我们会觉得:啊,好简洁!但是我们也知道∇算子的定义是这样的:

$$\nabla = \frac{\partial}{\partial x}\boldsymbol{x} + \frac{\partial}{\partial y}\boldsymbol{y}$$

那么$\nabla \cdot \boldsymbol{E}$ 就应该写成这样:

$$\nabla \cdot \boldsymbol{E} = \left(\frac{\partial}{\partial x}\boldsymbol{x} + \frac{\partial}{\partial y}\boldsymbol{y}\right) \cdot \boldsymbol{E}$$

而我们又知道电场强度 $\boldsymbol{E}$ 其实是一个矢量函数(不同点对应的电场的情况),那就可以把 $\boldsymbol{E}$ 分解成 x,y 两个分量的和,这两个分量后面跟一个 x 和 y 方向的单位向量就行了。那么,上面的式子就可以写成这样:

$$\nabla \cdot \boldsymbol{E} = \left(\frac{\partial}{\partial x}\boldsymbol{x} + \frac{\partial}{\partial y}\boldsymbol{y}\right) \cdot (E_x\boldsymbol{x} + E_y\boldsymbol{y})$$

然后,因为矢量点乘是满足分配律的,所以可以把它们按照普通乘法一样展开成 4 项。而 x 和 y 是垂直的单位向量,所以 $\boldsymbol{x} \cdot \boldsymbol{y} = \boldsymbol{y} \cdot \boldsymbol{x} = 0$,$\boldsymbol{x} \cdot \boldsymbol{x} = \boldsymbol{y} \cdot \boldsymbol{y} = 1$,最后剩下的就只有这两项了(这里的推导逻辑跟第二篇"23 坐标系下的点乘"那一节一样):

$$\nabla \cdot \boldsymbol{E} = \frac{\partial E_x}{\partial x} + \frac{\partial E_y}{\partial y}$$

这就是电场强度 $\boldsymbol{E}$ 的散度的最终表达式,它的意思很明显:求电场强度 $\boldsymbol{E}$ 的散度就是把矢量函数 $\boldsymbol{E}$ 分解成 x 和 y 方向上的两个函数,然后分别对它们求偏导,最后再把结果加起来。

为了让大家对这个有更直观的概念,我们来看两个小例子:

例 1:求函数 $y = 2x + 1$ 的导数。

这个函数的图像是一条直线(可以找一些 x 的值,算出 y 的值,然后把这些点画在图上去看看),它的斜率是 2,导数也是 2。也就是说,对于一次函数(最多只有 x,没有 x 的平方、立方……),它的导数就是 x 前面的系数($2x$ 前面的 2),而后面的常数(1)对导数没有任何影响。

例 2:求电场强度 $\boldsymbol{E} = 2\boldsymbol{x} + y\boldsymbol{y}$ 的散度。

我们先来看看这个电场强度 $\boldsymbol{E}$,它在 $\boldsymbol{x}$ 方向上($2\boldsymbol{x}$)的系数是 2,也就是说,它的电场强度大小不变,是 2。但是,在 $\boldsymbol{y}$ 方向上($y\boldsymbol{y}$)的系数是 y,也就是说,当顺着 y 轴的时候,这个系数 y 会越来越大,这就表示 y 方向上的电场强度也会越来越大。

所以 $\boldsymbol{E} = 2\boldsymbol{x} + y\boldsymbol{y}$ 描述的是一个在 x 方向上不变,在 y 轴方向上不断变大的电场。要求这个电场的散度,根据上面的式子,就得先求出电场的偏导数,那偏导数要怎么求呢? 还记得是怎么得到偏导数这个概念的吗? 是固定 y 的值,也就是假设 y 的值不变,把 y 看作一个常数,这时候求得了对 x 的偏导数;同样,把 x 当作一个常数,求函数对 y 的偏导数。

那么,当求函数对 x 方向的偏导数 $\partial E / \partial x$ 时,可以把 y 当作常数(就像例 1 中后面的 1 一样)。如果 y 是常数,而 x 方向前面的系数是 2,也是常数,所以这整个就变成了一个常数(常数的导数为

0),所以$\partial E/\partial x = 0$。同样的,当求 y 方向的偏导的时候,就把 x 都看成常数(导数为 0),而 y 方向前面的系数为 y(导数为 1),所以$\partial E/\partial y = 0 + 1 = 1$。

那么电场强度 E 的散度$\nabla \cdot E$ 就可以表示成这两个偏导数的和:$\nabla \cdot E = \partial E/\partial x + \partial E/\partial y = 0 + 1 = 1$,也就是说,电场强度 E 的散度为 1。

这虽然是一个非常简单的求电场强度散度的例子,但是却包含了求偏导、求散度的基本思想。通过这种方式,我们就可以很轻松地把电场强度 E 的散度$\nabla \cdot E$ 求出来了。

补了这么多的数学和推导,我们现在终于有了一个定义良好、计算方便的散度$\nabla \cdot$表达式了。但是,你还记得我们在开始讲到的散度的定义吗?我们最开始是怎样引入散度的呢?

我们是从麦克斯韦方程组的积分形式引入散度的。高斯电场定律说通过一个闭合曲面的电通量跟这个闭合曲面包含的电荷量成正比,而且这个曲面可以是任意形状。然后我们为了从宏观进入微观,就让这个曲面不停地缩小,当它缩小到无穷小,缩小到只包含了一个点的时候,我们就说通过这个无穷小曲面的通量和体积的比就叫散度(用 div 表示)。

也就是说,我们最开始从无穷小曲面的通量定义来的散度和我们上面通过偏导数定义来的散度$\nabla \cdot$指的是同一个东西。即:

$$\text{div}(E) = \nabla \cdot E = \lim_{\Delta V \to 0} \frac{1}{\Delta V} \oint_S E \cdot da$$

29 | 为何这两种散度是等价的？

很多人可能觉得难以理解，这两个东西的表达形式和来源完全不一样，它们怎么会是同一个东西呢？但它们确实是同一个东西，那为什么要弄两套东西出来呢？在最开始我也说了，通过无穷小曲面的通量定义的散度很容易理解，跟麦克斯韦方程组的积分形式的通量也有非常大的联系，但是这种定义不好计算（前文中的例2，你用这种方式去求它的散度试试？），所以我们需要找一种能方便计算、实际可用的方式，这样才出现了∇·形式的散度。

至于为什么这两种形式是等价的，我给大家提供一个简单的思路。因为这本书毕竟是面向大众的科普性质的书籍，具体的证明过程我就不细说了，真正感兴趣的朋友可以顺着这个思路去完成证明。

证明思路：我们假设有一个边长分别为 Δx、Δy、Δz 的小长方体，空间中的电场强度为 $E(x,y,z)$。然后假设在这个长方体的正中心有一个点 (x,y,z)，那么这个电场通过这个长方体前面（沿着 x 轴正方向）的电场就可以表示为：$E_x(x+\Delta x/2,y,z)$。E_x 表示电场在 x 方向上的分量（因为我们是考虑长方体上表面的通量，所以只用考虑电场的 x 分量），因为中心坐标为 (x,y,z)，而长方体在 x 轴方向上的长度为 Δx，那从长方体中心沿着 x 轴移动到表面

自然就要移动 $\Delta x/2$，对应的坐标自然就是 $(x+\Delta x/2,y,z)$。而这个面的面积为 $\Delta y\Delta z$（x 轴对应的两个面的边长自然是 Δy 和 Δz），那么，通过前面的电通量就可以写成：$E_x(x+\Delta x/2,y,z)\cdot\Delta y\Delta z$。

同样的，通过长方体后面（沿着 x 轴的负方向）的电通量，就可以写成 $E_x(x-\Delta x/2,y,z)\cdot\Delta y\Delta z$。因为这两个面的方向是相反的（前面沿着 x 轴正方向，后面沿着 x 轴负方向），所以，这两个沿着 x 轴方向的面的电通量之和 Φ_x 就应该是两者相减：$\Phi_x=E_x(x+\Delta x/2,y,z)\cdot\Delta y\Delta z-E_x(x-\Delta x/2,y,z)\cdot\Delta y\Delta z$。

如果两边都除以 Δv（其中，$\Delta v=\Delta x\Delta y\Delta z$），那么就得到：$\Phi_x/\Delta v=(E_x(x+\Delta x/2,y,z)-E_x(x-\Delta x/2,y,z))/\Delta x$，然后就会发现等式的右边刚好就是偏导数的定义。想想我们是怎么求偏导数的？要求电场强度 E 在 x 方向的偏导数，那就得先把其他方向固定住，在这里就是固定住 y 和 z，然后在 x 方向用取值的变化除以 x 方向的变化 Δx。你看，$E_x(x+\Delta x/2,y,z)$ 和 $E_x(x-\Delta x/2,y,z)$ 里的 y 和 z 都是一样的，都没有变化，而前面的 $x+\Delta x/2$ 刚好比后面的 $x-\Delta x/2$ 大了一个 Δx，这可不就是偏导数的定义了吗？也就是说，电场通过沿着 x 轴的两个面（前后两面）的通量之和就等于电场的 x 分量对 x 的偏导数：$\Phi_x/\Delta v=\partial E_x/\partial x$。

同样的，我们发现电场沿着 y 轴的两面（左右两面）和 z 轴的两面（上下两面）的电通量之和分别就等于电场的 y 分量和 z 分量对 y 和 z 的偏导：$\Phi_y/\Delta v=\partial E_y/\partial y$，$\Phi_z/\Delta v=\partial E_z/\partial z$。然后把这 3 个式子加起来，公式左边就是电场通过 6 个面的通量除以体积，也就是通过这个长方体的通量除以体积，公式右边就是 $\partial E_x/\partial x+\partial E_y/\partial y+\partial E_z/\partial z$，这不刚好就是 $\nabla\cdot E$ 的形式吗？

于是，这个公式左边是电场强度 E 通过小长方体 6 个面的通量之和除以体积，这就是我们最开始说的第一种散度的定义方式

（电场通过无穷小曲面的电通量除以体积），而公式右边就是刚刚说的第二种散度的定义方式$\nabla \cdot E = \partial E_x / \partial x + \partial E_y / \partial y + \partial E_z / \partial z$。于是，我们就证明了散度的这两种定义方式是等价的。

这个证明一时没看懂也没关系，感兴趣的读者可以后面慢慢去琢磨。我只是想通过这种方式让大家明白通过某一方向的两个面的通量跟该方向的偏导数之间是存在这种对应关系的，这样我们就容易接受无穷小曲面的通量和$\nabla \cdot$这两种散度的定义方式了。

这两种散度的定义方式各有所长，比如，在判断某一点的散度是否为 0 的时候，用第一个定义，去看看包含这个点的无穷小曲面的通量是不是为 0 就行了。如果这一点有电荷，那么这个无穷小曲面的电通量肯定就不为 0，它的散度也就不为 0；如果这个无穷小曲面没有包含电荷，那这一点的散度一定为 0，这就是高斯电场定律的微分方程想要告诉我们的东西。但是，如果要计算这一点的散度是多少，那还是乖乖地拿起$\nabla \cdot$去计算吧。

30 | 散度的几何意义

跟梯度一样,散度这个名字也是非常形象的。很多人会跟你说散度表示的是"散开的程度",这种说法很容易让初学者误解或者迷惑。比如,一个正电荷产生的电场线(图 30.1),它看起来是散开的,所以很多人就会认为这里所有的点的散度都是不为 0 的,都是正的。

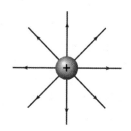

图 30.1　正电荷周围的电场线

但是,根据前文分析,散度反映的是无穷小曲面的通量,直接跟这一点是否有电荷对应。图 30.1 的中心有一个正电荷,那么这点的散度不为 0,但是其他地方呢? 其他地方看起来也是散开的,但是其他地方并没有电荷,没有电荷的话,其他点电场的散度就应该为 0(因为这个地方无穷小曲面的通量有进有出,它们刚好抵消了),而不是看起来的好像是散开的,所以为正。

也就是说,对于一个点电荷产生的电场,只有电荷所在的点的散度不为 0,其他地方的散度都为 0。我们不能根据一个电场看起来是散开的就觉得这里的散度都不为 0,那么,这个散开到底要怎么理解呢?

可以这么操作:把电场线都想象成水流,然后拿一个非常轻的圆形橡皮筋放到这里,如果这个橡皮筋的面积变大,就说明这个点的散度为正,反之为负。如果把橡皮筋丢在电荷所在处,那么这点所有方向都往外流,那橡皮筋肯定会被冲大(散度为正);在其他地方,橡皮筋会被冲走,但是不会被冲大(散度为 0),因为里外的冲力抵消了。这样的话,这种散开的模型跟无穷小曲面的通量模型就不再冲突了。

31 | 方程一： 高斯电场定律 （微分形式）

说了这么多，又是证明不同散度形式（无穷小曲面的通量和∇·）的等价性，又是说明不同散度理解方式的同一性（无穷小曲面的通量和散开的程度），都是为了让大家从更多的维度全方位地理解散度的概念，尽量避开初学者学习散度会遇到的各种问题。理解了这个散度的概念之后，我们再来看麦克斯韦方程组的第一个方程——高斯电场定律的微分形式就非常容易理解了：

$$\nabla \cdot \boldsymbol{E} = \frac{\rho}{\varepsilon_0}$$

方程的左边∇·$\boldsymbol{E}$ 表示电场在某一点的散度，方程右边表示电荷密度 ρ 和真空介电常数 ε_0 的比值。为什么右边要用电荷密度 ρ 而不是电荷量 Q 呢？因为散度是无穷小曲面的通量跟体积的比值，所以我们的电量也要除以体积，电荷量 Q 和体积 V 的比值就是电荷密度 ρ。对比一下它的积分形式：

$$\oint_S \boldsymbol{E} \cdot \mathrm{d}\boldsymbol{a} = \frac{1}{\varepsilon_0} Q_{\text{enc}}$$

两边都除以一个体积 V，然后曲面缩小到无穷小：方程左边的通量就变成了电场的散度∇·$\boldsymbol{E}$，方程右边的电荷量 Q 就变成了电

荷密度 ρ，完美！

　　麦克斯韦方程组的积分形式和微分形式是一一对应的，理解这种对应的关键就是理解散度（和后面的旋度）这两种不同定义方式背后的一致性，它是沟通积分和微分形式的桥梁。理解了它们，就能在这两种形式之间切换自如，就能一看到积分形式就能写出对应的微分形式，反之亦然。

32 方程二：高斯磁场定律（微分形式）

理解了高斯电场定律的微分形式，那么高斯磁场定律的微分形式就能轻松写出来了。因为现在还没有找到磁单极子，磁感线都是闭合的曲线，所以闭合曲面的磁通量一定恒为 0，这就是高斯磁场定律积分形式的思想：

$$\oint_S \boldsymbol{B} \cdot \mathrm{d}\boldsymbol{a} = 0$$

那么，我们一样把这个曲面缩小到无穷小，通过这个无穷小曲面的磁通量就叫磁场的散度，那么方程的左边就变成了磁场的散度，而右边还是 0。也就是说：磁场的散度处处为 0。所以，麦克斯韦方程组的第二个方程——高斯磁场定律的微分形式就是：

$$\nabla \cdot \boldsymbol{B} = 0$$

33 | 旋 度

　　静电和静磁的微分形式我们已经说完了,那么接下来就是磁如何生电的法拉第定律了。关于法拉第是如何通过实验一步一步发现法拉第定律的,我在积分篇里已经详细说了,这里就不再多说。对法拉第定律的基本思想和积分形式的内容还不太熟悉的读者请先去看积分篇的内容。

　　法拉第定律是法拉第对电磁感应现象的一个总结,他发现只要一个曲面的磁通量($B \cdot a$)发生了改变,那么就会在曲面的边缘感生出一个旋涡状的电场 E 出来(图33.1)。这个旋涡状的感生电场是用电场的环流来描述的,也就是电场沿着曲面边界进行的线积分。

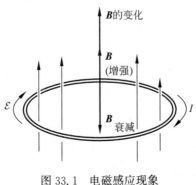

图 33.1　电磁感应现象

用具体的公式表示就是这样：

$$\oint_C \boldsymbol{E} \cdot \mathrm{d}\boldsymbol{l} = -\frac{\mathrm{d}}{\mathrm{d}t} \int_S \boldsymbol{B} \cdot \mathrm{d}\boldsymbol{a}$$

公式左边是电场强度 $\boldsymbol{E}$ 的环流，用来描述这个被感生出来的电场，而公式的右边是磁通量的变化率，用来表示磁通量变化的快慢。

这个法拉第定律是用积分形式写的，我们现在要得到它的微分形式，怎么办？那当然还是跟前文的操作一样：从积分到微分，把它无限缩小就行了。把这个非闭合曲面缩小再缩小，一直缩小到无穷小，那么就出现了一个无穷小曲面的环流。

还记得我们怎么定义散度的吗？散度就是通过无穷小闭合曲面的通量和闭合曲面体积的比值，而这里出现了一个无穷小非闭合曲面的环流，因为非闭合曲面就没有体积的说法，只有面积。那么，通过无穷小非闭合曲面的环流和曲面面积的比值，会不会是一个另外什么量的定义呢？

没错，这确实是一个全新的量，而且这个量我们在前面稍微提到了一点，它就是旋度。我们把∇算子跟矢量做类比的时候，说一个矢量有 3 种乘法：跟标量相乘、点乘和叉乘。那么同样的，∇算子也有 3 种作用：作用在标量函数上叫梯度（∇z），以点乘的方式作用在矢量函数上被称为散度（∇·z），以叉乘的方式作用在矢量函数上被称为旋度（∇×z）。

也就是说，我们让∇算子以叉乘的方式作用在电场强度 $\boldsymbol{E}$ 上，我们就得到了电场强度 $\boldsymbol{E}$ 的旋度∇×$\boldsymbol{E}$，而这个旋度的另一种定义就是我们上面说的无穷小非闭合曲面的环流和这个曲面的面积之比。因为旋度的英文单词是 curl，所以我们用 curl($\boldsymbol{E}$) 表示电场强度的旋度，用 $\boldsymbol{n}$ 表示这个曲面的单位法向量。所以，我们就可以写出下面这样的公式：

$$\text{curl}(\boldsymbol{E}) \cdot \boldsymbol{n} = (\nabla \times \boldsymbol{E}) \cdot \boldsymbol{n} = \lim_{\Delta S \to 0} \frac{1}{\Delta S} \oint_C \boldsymbol{E} \cdot \mathrm{d}\boldsymbol{l}$$

为什么这里会多一个单位法向量 $\boldsymbol{n}$ 出来呢？其实想想，公式的右边是一个数（两个矢量点乘得到一个数），而矢量的旋度仍然是一个矢量，如果它没有跟单位法向量 $\boldsymbol{n}$ 点乘，那公式的左边就是一个矢量，右边是一个数，那肯定就不对了。其实，但凡涉及曲面，都会有这么一个跟曲面垂直，长度为 1 的单位法向量 $\boldsymbol{n}$，需要用它来指明曲面的方向。但是，为了让大家更容易理解，我在能不提它的地方就尽量不提。比如，前面我们都是用 $\mathrm{d}\boldsymbol{a}$ 来表示一个无穷小的曲面，它这里其实就已经包含了一个单位法向量 $\boldsymbol{n}$，它的大小等于曲面的面积，方向指向法向量 $\boldsymbol{n}$。而旋度这里是实在没办法了，所以必须把单位法向量 $\boldsymbol{n}$ 写出来。

跟散度的两种定义方式一样，旋度也有 $\nabla \times$ 和无穷小曲面的环流两种表述方式。在散度那里，我给大家证明了那两种散度形式等价性，在旋度这里我就不再证明了，感兴趣的朋友可以按照类似的思路去尝试证明一下。

34 | 矢量的叉乘

因为旋度是∇算子以叉乘的方式作用在矢量场上，所以这里我们来简单地看一下叉乘。两个矢量 A 和 B 的点乘被定义为：$A \cdot B = |A||B|\cos\theta$，它们的叉乘则被定义为 $|A \times B| = |A||B| \cdot \sin\theta$，其中 θ 为它们的夹角。单从这样看，它们之间的差别好像很小，只不过一个是乘以余弦 $\cos\theta$，另一个是乘以正弦 $\sin\theta$。

此外，两个矢量点乘的结果是一个标量，两个矢量叉乘的结果却是一个矢量。所以，$|A \times B|$ 只是表示叉乘的大小，叉乘的方向要使用右手定则去判断（右手四指从第一个矢量 A 指向第二个矢量 B，大拇指的方向就是叉乘的方向）。

从它们的几何意义来说，点乘表示的是投影，因为 $|\overrightarrow{OA}|\cos\theta$ 刚好就是 $\overrightarrow{OA}$ 在 $\overrightarrow{OB}$ 上的投影，也就是 OC 的长度。

那么叉乘呢？叉乘是 $|\overrightarrow{OA}|\sin\theta$，这是 AC 的长度，那么 $|A \times B| = |A||B|\sin\theta = |\overrightarrow{AC}||\overrightarrow{OB}|$，这是什么？这是面积。如果以 $\overrightarrow{OA}$ 和 $\overrightarrow{OB}$ 为边长作一个平行四边形，那么 AC 就刚好是这个平行四边形的高，也就是说，矢量 A 和 B 的叉乘（$|A \times B| = |\overrightarrow{AC}||\overrightarrow{OB}|$）就代表了平行四边形 $OADB$ 的面积（图 34.1）。

关于矢量的叉乘就说这么多，在前面讲矢量点乘的时候我还详细介绍了点乘的性质和坐标运算的方法。叉乘也有类似的性质

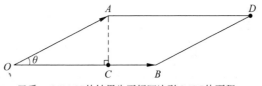

叉乘：$OA \times OB$的结果为平行四边形$OADB$的面积

图　34.1

和坐标运算的法则,这个找一本矢量分析的书都能找到。而且,现在不会熟练地进行叉乘运算,并不会影响对麦克斯韦方程组的微分形式的理解,这里了解一下它的定义和几何意义就行了。

35 | 方程三：法拉第定律（微分形式）

好，知道了矢量的叉乘，知道了 $\nabla \times \boldsymbol{E}$ 可以表示电场强度的旋度，而且知道旋度的定义是：无穷小非闭合曲面的环流和这个曲面的面积之比。那我们再回头看一看法拉第定律的积分形式：

$$\oint_C \boldsymbol{E} \cdot \mathrm{d}\boldsymbol{l} = -\frac{\mathrm{d}}{\mathrm{d}t} \int_S \boldsymbol{B} \cdot \mathrm{d}\boldsymbol{a}$$

公式的左边是电场的环流，右边是磁通量的变化率，它告诉我们变化的磁通量会在曲面边界感生出电场。我在积分篇里说过，磁通量（$\boldsymbol{B} \cdot \boldsymbol{a}$）的变化可以有两种方式：磁场（$\boldsymbol{B}$）的变化和通过曲面面积（S）的变化，上面这种方式是把这两种情况都算在内。但是，有的学者认为只有磁场（$\boldsymbol{B}$）的变化产生的电场才算法拉第定律，所以法拉第定律还有另外一个版本：

$$\oint_C \boldsymbol{E} \cdot \mathrm{d}\boldsymbol{l} = -\int_S \frac{\partial \boldsymbol{B}}{\partial t} \cdot \mathrm{d}\boldsymbol{a}$$

这个版本把原来对整个磁通量（$\boldsymbol{B} \cdot \mathrm{d}\boldsymbol{a}$）的求导变成了只对磁感应强度 $\boldsymbol{B}$ 的求偏导，这就把磁感线通过曲面面积变化的这种情况给过滤了。

在积分形式里有这样两种区别，但是，在微分形式里就没有这种区分了。为什么？想想我们是怎么从积分变到微分的？我们让这个曲面不停地缩小,一直缩小到无穷小,这个无穷小的曲面就只能包含一个没有大小的点了,你还让它的面积怎么变?所以微分形式就只用考虑磁感应强度 B 的变化就行了(对应后面那个法拉第定律)。

我们现在假设把那个曲面缩小到无穷小,方程的左边除以一个面积 ΔS,那就是电场强度的旋度$\nabla \times E$ 的定义:

$$\operatorname{curl}(\boldsymbol{E}) \cdot \boldsymbol{n} = (\nabla \times \boldsymbol{E}) \cdot \boldsymbol{n} = \lim_{\Delta S \to 0} \frac{1}{\Delta S} \oint_C \boldsymbol{E} \cdot \mathrm{d}\boldsymbol{l}$$

方程左边除了一个面积 ΔS,那右边也得除以一个面积,右边本来是磁感应强度的变化率($\partial \boldsymbol{B}/\partial t$)和面积的乘积,现在除以一个面积,那么剩下的就是磁感应强度的变化率$\partial \boldsymbol{B}/\partial t$ 了。而且,前文也讲过了,这个面积 $\mathrm{d}a$ 里也是包含了一个单位法向量 $\boldsymbol{n}$ 的,那方程左右两边的单位法向量 $\boldsymbol{n}$ 就可以抵消了。于是,麦克斯韦方程组的第三个方程——法拉第定律的微分形式自然就是这样:

$$\nabla \times \boldsymbol{E} = -\frac{\partial \boldsymbol{B}}{\partial t}$$

简洁吧?清爽吧?这样表示之后,法拉第定律的微分形式看起来就比积分形式舒服多了,而且它还只有这一种形式。直接从方程上来看,它告诉我们某一点电场的旋度等于磁感应强度的变化率。简单归简单,要理解这种公式,核心还是要理解公式左边,也就是电场强度的旋度$\nabla \times E$。

36 | 旋度的几何意义

　　旋度的定义是无穷小曲面的环流和面积的比值,但是它既然取了旋度这个名字,那么它跟旋转应该还是有点关系的。变化的磁场感生出来的电场也是一个旋涡状的电场。那么,是不是只要看起来像漩涡状的矢量场,它就一定有旋度呢?

　　这个问题我们在讨论散度的时候也遇到过,很多初学者认为只要看起来发散的东西就是有散度的,然后我们通过分析知道这是不对的。一个点电荷产生静电场,只有在电荷处才散度不为 0,在其他地方,虽然看起来是散开的,其实它的散度是 0。如果我们放一个非常轻的橡皮筋在上面,除了电荷所在处,其他地方这个橡皮筋是不会被撑开的(即便会被冲走),所以其他地方的散度都为 0。

　　同样的,在旋度这里,一个变化的磁场会产生一个旋涡状的电场,在旋涡的中心,在磁场变化的这个中心点这里,它的旋度肯定是不为 0 的。但是,在其他地方呢?从公式上看,其他地方的旋度一定为 0,为什么?因为其他地方并没有变化的磁场,所以按照法拉第定律的微分形式,没有变化的磁场的地方的电场的旋度肯定是 0。

跟散度一样,我们不能仅凭一个感生电场是不是旋转状的来判断这点旋度是否为 0,我们也需要借助一个小道具:小风车(图 36.1)。假设一根长直导线在周围产生了旋转状的磁场。我们把一个小风车放在某一点上,如果这个风车能转起来,就说明这点的旋度不为 0。如果把风车放在感生电场中心以外的地方,就会发现如果外层的电场线让小风车顺时针转,内层的电场线就会让小风车逆时针转,这两股力刚好抵消了。最终风车不会转,所以旋度为 0。

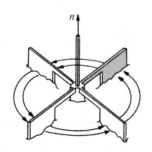

图 36.1　检测旋度的小风车

如果大家能理解静电场除了中心点以外的地方散度处处为 0,那么理解感生电场除了中心点以外的地方旋度处处为 0 就不是什么难事。在非中心点的地方,散度的流入流出两股力量抵消了,旋度顺时针逆时针的两股力量也抵消了,为什么刚好它们能抵消呢?本质原因还是这两种电场都是随着距离的平方反比减弱。如果它们不遵守平方反比定律,那么计算里外的散度和旋度,它们就不再为 0。

　　关于旋度就先说这么多,大家如果理解了旋度,对比法拉第定律的积分方程,要理解它的微分形式是很容易的。我前面花了很大的篇幅给大家讲了矢量的点乘和散度,作为类比,理解矢量的叉乘和旋度也不是什么难事,它们确实太相似了。

37 | 方程四：安培-麦克斯韦定律 （微分形式）

讲完了磁生电的法拉第定律，麦克斯韦方程组就只剩最后一个电生磁的安培-麦克斯韦定律了。它描述的是电流和变化的电场如何产生旋涡状的感生磁场的，因为电的来源有电流和变化的电场两项，所以它的形式也是最复杂的。方程的积分形式如下（具体过程见积分篇）：

$$\oint_C \boldsymbol{B} \cdot \mathrm{d}\boldsymbol{l} = \mu_0 \left(I_{\text{enc}} + \varepsilon_0 \frac{\mathrm{d}}{\mathrm{d}t} \int_S \boldsymbol{E} \cdot \mathrm{d}\boldsymbol{a} \right)$$

方程左边是磁场的环流，右边是曲面包围的电流（I_{enc}）和电场的变化率。它告诉我们，如果我们画一个曲面，通过这个曲面的电流和这个曲面里电通量的变化会在曲面的边界感生出一个旋涡状的磁场出来，这个旋涡状的磁场自然是用磁场的环流来描述。

可以想象，当我们用同样的方法把这个曲面缩小到无穷小的时候，如果我们在方程的左右两边都除以这个曲面的面积，那么方程的左边就成了磁感应强度 $\boldsymbol{B}$ 的旋度$\nabla \times \boldsymbol{B}$，右边的两项除以一个面积会变成什么呢？

电通量的变化率除以面积之后就剩下电场强度的变化率$\partial \boldsymbol{E}/\partial t$，这个跟法拉第定律的磁通量变化率除以面积类似。那么电流

（I_{enc}）那一项呢？电流 I 除以面积得到的东西是什么？这里我们定义了一个新的物理量：电流密度 J。很显然，这个电流密度 J 就是电流除以电流通过的曲面面积（注意不是体积）。相应的，电流密度的单位是 A/m^2（安培每平方米）而不是 A/m^3。

这样，麦克斯韦方程组的第四个方程——安培-麦克斯韦定律的微分形式就自然出来了：

$$\nabla \times \boldsymbol{B} = \mu_0 \left(\boldsymbol{J} + \varepsilon_0 \frac{\partial \boldsymbol{E}}{\partial t} \right)$$

虽然还是有点长，但是相比积分形式已经是相当简明了，它告诉我们某一点感生磁场的旋度$\nabla \times \boldsymbol{B}$ 等于电流密度 $\boldsymbol{J}$ 和电场强度变化率$\partial \boldsymbol{E}/\partial t$ 两项的叠加。其实它跟积分形式讲的都是一回事，都是在说电流和变化的电场能够产生一个磁场，只不过积分形式是针对一个曲面，而微分形式针对一个点而已。

38 | 麦克斯韦方程组（微分形式）

至此，麦克斯韦方程组的 4 个方程：描述静电的高斯电场定律、描述静磁的高斯磁场定律、描述磁生电的法拉第定律和描述电生磁的安培-麦克斯韦定律的微分形式都说完了。把它们写下来就是这样：

$$
\begin{cases}
\nabla \cdot \boldsymbol{E} = \dfrac{\rho}{\varepsilon_0} \\[2mm]
\nabla \cdot \boldsymbol{B} = 0 \\[2mm]
\nabla \times \boldsymbol{E} = -\dfrac{\partial \boldsymbol{B}}{\partial t} \\[2mm]
\nabla \times \boldsymbol{B} = \mu_0 \left(\boldsymbol{J} + \varepsilon_0 \dfrac{\partial \boldsymbol{E}}{\partial t} \right)
\end{cases}
$$

高斯电场定律说电场强度的散度跟这点的电荷密度成正比。

高斯磁场定律说磁感应强度的散度处处为 0。

法拉第定律说感生电场的旋度等于磁感应强度的变化率。

安培-麦克斯韦定律说感生磁场的旋度等于电流密度和电场强度变化率之和。

这里最引人注目的就是 ∇ 算子了，它以点乘和叉乘的方式组成的散度 $\nabla \cdot$ 和旋度 $\nabla \times$ 构成了麦克斯韦方程组微分形式的核心，这也是为什么我要花那么大篇幅从偏导数、矢量点乘一步步给大家引出∇算子的原因。也因为如此,微分篇的数学部分比积分篇要多得多,相对也要难以理解一些,所以大家要稍微有耐性一点。

从思想上来讲,微分形式和积分形式表达的思想是一样的,毕竟它们都是麦克斯韦方程组。它们的差别仅仅在于积分形式是从宏观的角度描述问题,我们面对的是宏观上的曲面,所以要用通量和环流来描述电场、磁场;而微分形式是从微观的角度来描述问题,这时候曲面缩小到无穷小,我们面对的东西就变成了一个点,所以使用散度和旋度来描述电场、磁场。

这一点是要特别强调的:通量和环流是定义在曲面上的,而散度和旋度是定义在一个点上的。我们可以说通过一个曲面的通量或者沿曲面边界的环流,但是当我们在说散度和旋度的时候,都是在说一个点的散度和旋度。

理解了这些,再回过头去看看麦克斯韦方程组的积分形式:

$$\begin{cases} \oint_S \boldsymbol{E} \cdot \mathrm{d}\boldsymbol{a} = \dfrac{1}{\varepsilon_0} Q_{\mathrm{enc}} \\[2mm] \oint_S \boldsymbol{B} \cdot \mathrm{d}\boldsymbol{a} = 0 \\[2mm] \oint_C \boldsymbol{E} \cdot \mathrm{d}\boldsymbol{l} = -\int_S \dfrac{\partial \boldsymbol{B}}{\partial t} \cdot \mathrm{d}\boldsymbol{a} \\[2mm] \oint_C \boldsymbol{B} \cdot \mathrm{d}\boldsymbol{l} = \mu_0 \left(I_{\mathrm{enc}} + \varepsilon_0 \dfrac{\mathrm{d}}{\mathrm{d}t} \int_S \boldsymbol{E} \cdot \mathrm{d}\boldsymbol{a} \right) \end{cases}$$

我们只不过把定义在曲面上的通量和环流缩小到了一个点,然后顺势在这个点上利用通量和环流定义了散度和旋度。因为定义散度和旋度分别还除了一个体积和面积,所以积分方程的右边也都相应地除了一个体积和面积,然后就出现了电荷密度 ρ(电荷量 Q 除以体积 V)和电流密度 J(电流 I 除以面积 S),电通量和磁通量那边除以一个体积和面积就剩下电场强度 $\boldsymbol{E}$ 和磁感应强度 $\boldsymbol{B}$

的变化率,仅此而已。

如果我们从这种角度去看麦克斯韦方程组的积分形式和微分形式,就会觉得非常的自然和谐。给出积分形式,一想散度和旋度的定义,就可以立刻写出对应的微分形式;给出微分形式,再想一想散度和旋度的定义,也能立刻写出对应的积分形式。当想从宏观入手的时候,我们看到了曲面上的通量和环流;当想从微观入手的时候,我们也能立刻看到一个点上的散度和旋度。积分形式和微分形式在这里达成了一种和谐的统一。

39 | 结　语

　　到这里,麦克斯韦方程组的积分篇和微分篇就都说完了。我们先从零开始引出了通量,然后从通量的概念慢慢引出了麦克斯韦方程组的积分形式,再从积分形式用"把曲面压缩到无穷小"推出了对应的微分形式。整个过程我都极力做到"通俗但不失准确",所有新概念的引出都会先做层层铺垫,绝不从天而降地抛出一个新东西。目的就是为了让更多的人能够更好地了解麦克斯韦方程组,特别是让中学生也能看懂,能理解麦克斯韦方程组的美妙,同时也激发出他们对科学的好奇和热爱之心,打消他们对"高深"科学的畏惧之心:看,这么高大上的麦克斯韦方程组,年纪轻轻的我也能看懂,也能掌握!

　　此外,麦克斯韦方程组是真的很美,掌握的物理知识越多,就会越觉得它美。我也更希望大家是因为它的美而喜欢这个方程组,而不仅仅是因为它的"重要性"。我们都知道,麦克斯韦写出这套方程组以后,就从方程推导出了电磁波,当他把相关的参数代入进去算出电磁波的速度的时候,他惊呆了!他发现电磁波的速度跟人们实验测量的光速极为接近,于是他给出了一个大胆的预测:光就是一种电磁波。

　　可惜的是,英年早逝的麦克斯韦(48 岁去世)并没能看到他的预言被证实，人们直到他去世的 9 年后，也就是 1888 年才由赫兹首次证实了"光是一种电磁波"。那么，麦克斯韦是怎么从方程组导出电磁波的呢？既然我们已经学完了麦克斯韦方程组，想必大家也很想知道如何从这套方程组推导出电磁波的方程，然后亲眼见证"电磁波的速度等于光速"这一奇迹时刻。这部分内容，我们留到第三篇再慢慢说吧。

　　最美的方程，愿你能懂她的美！

第三篇

电磁波篇

在前面，我们一起学习了麦克斯韦方程组的积分形式和微分形式。大家也知道麦克斯韦从这套方程组里推导出了电磁波，然后通过计算发现电磁波的速度正好等于光速。于是，麦克斯韦就预言"光是一种电磁波"，这个预言后来被赫兹证实了。

电磁波的发现让麦克斯韦和他的电磁理论走上了神坛，也让人类社会进入了无线电时代。我们现在可以随时给远方的朋友打电话，能用手机看"长尾科技"的文章，都跟电磁波有着密切的关系。那么，麦克斯韦到底是怎么从麦克斯韦方程组推导出电磁波方程的呢？接下来，我们就一起见证这一奇迹的时刻。

40 | 什么是波?

要理解电磁波,首先我们就得了解什么是波。有些人可能觉得这个问题有点儿奇怪,什么是波这还用问吗? 我们丢一块石头到水里,水面上就会形成一个水波;抖动一根绳子,绳子上就会出现一个波动。生活中还有很多这样的波动现象。

没错,水波、绳子上的波动这些都是波,我在这里抛出"什么是波?"这个问题肯定也不是想数一数哪些东西是波,哪些不是,而是想问:所有这些叫作波的东西有什么共同的特征? 我们要如何用一套统一的数学语言来描述波?

我们研究物理,就是要从万千变化的自然界的各种现象里总结出某种一致性,然后用数学的语言定量、精确地描述这种一致的现象。现在我们发现了水波、绳子上的波等许多现象都有这样一种波动现象,那我们自然就要去寻找这种波动现象背后统一的数学规律,也就是寻找描述波动现象的方程,即波动方程。

为了寻找统一的波动方程,我们先来看看最简单的波:抖动一根绳子,绳子上就会出现一个波沿着绳子移动,以恒定的频率抖动就会出现连续不断的波。

为了更好地研究绳子上的波动,我们先建立一个坐标系,然后把注意力集中到其中的一个波上。于是,我们就看到一个波以一定的速度 v 向 x 轴的正方向(右边)移动,如图 40.1 所示。

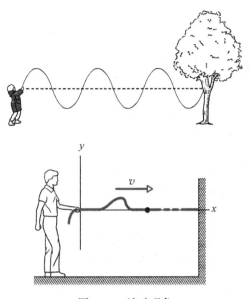

图 40.1　波动现象

那么,我们该如何去描述这种波动呢?

首先,我们知道一个波是在不停地移动的,图 40.1 只是波在某个时刻的样子,它下一个时刻就会往右边移动一点。移动了多少也很好计算:因为波速为 v,所以 Δt 时间以后这个波就会往右移动 $v \cdot \Delta t$ 的距离。

另外,我不管这个时刻的波是什么形状的曲线,反正我可以把它看成一系列的点 (x, y) 的集合,这样我们就可以用一个函数 $y = f(x)$ 来描述它(函数就是一种对应(映射)关系,在函数 $y = f(x)$ 里,每给定一个 x,通过一定的操作 $f(x)$ 就能得到一个 y,这一对 (x, y) 就组成了坐标系里的一个点,把所有这种点连起来就得到了一条曲线)。然而,$y = f(x)$ 只是描述某一个时刻的波的形状,如果我们想描述一个完整动态的波,就得把时间 t 考虑进来。也就是说,我们的波形是随着时间变化的,即:绳子上某个点的纵坐标 y 不仅

跟横轴 x 有关,还跟时间 t 有关,这样的话就得用二元函数 $y = f(x, t)$ 来描述一个波。

这一步很好理解,它无非就是告诉我们波是随时间(t)和空间(x)变化的。但这样还不够,世界上到处都是随着时间、空间变化的东西,比如苹果下落、篮球在天上飞,这些显然并不是波动现象,那它们跟波的本质区别又在哪里呢?

41 | 波的本质

　　仔细想一下我们就会发现：波在传播的时候，虽然不同时刻波所在的位置不一样，但是它们的形状始终是一样的。也就是说，前一秒波是这个形状，一秒之后波虽然不在这个地方了，但是它依然是这个形状，这是一个很强的限制条件。有了这个限制条件，我们就能把波和其他在时间、空间中变化的东西区分开了。

　　我们这样考虑：既然用 $f(x,t)$ 来描述波，那么波的初始形状（$t=0$ 时的形状）就可以表示为 $f(x,0)$。经过了时间 t 之后，波速为 v，那么这个波就向右边移动了 vt 的距离，也就是把初始形状 $f(x,0)$ 往右移动了 vt，那么这个结果可以这样表示：$f(x-vt,0)$。

　　为什么把一个函数的图像往右移动了一段 vt，结果却是用函数的自变量 x 减去 vt，而不是加上 vt 呢？这是一个常见的中学数学问题，这里我稍微帮大家回顾一下：如果我们把一个函数图像 $f(x)$ 往右移动了 3，那么原来在 1 这个地方的值 $f(1)$，现在就成了 4 这个地方的函数值。所以，如果还想用 $f(x)$ 这个函数，那肯定就得用 4 减去 3（这样才能得到 $f(1)$ 的值），而不是加 3（$4+3=7$，$f(7)$ 在这里可没有什么意义）。

　　所以，如果用 $f(x,t)$ 描述波，那么初始时刻（$t=0$）的波可以表示为 $f(x,0)$。经过时间 t 之后的波的图像就等于初始时刻的图

像往右移动了 vt，也就是 $f(x-vt,0)$。于是，我们就可以从数学上给出波运动的本质：

$$f(x,t)=f(x-vt,0)$$

也就是说，只要一个函数满足 $f(x,t)=f(x-vt,0)$，满足任意时刻的形状都等于初始形状这样平移一段，那么它就表示一个波。水波、声波、绳子上的波、电磁波、引力波都是如此，这也很符合我们对波的直观理解。

这里我们是从纯数学的角度给出了波的一个描述，下面再从物理的角度来分析一下波的形成原因，看看能不能得到更多的信息。

42 | 张 力

　　一根绳子放在地上的时候是静止不动的，我们甩一下就会出现一个波动。我们想一想：这个波是怎么传到远方去的呢？我们的手只是拽着绳子的一端，并没有碰到绳子的中间，但是，当这个波传到中间的时候绳子确实动了。绳子会动就表示有力作用在它身上（牛爵爷告诉我们的道理），那么这个力是哪里来的呢？

　　稍微分析一下我们就会发现：这个力只可能来自绳子相邻点之间的相互作用，每个点把自己隔壁的点"拉"一下，隔壁的点就动了（就跟我们列队报数的时候只通知旁边的那个人一样），这种绳子内部之间的力叫张力。

　　张力的概念也很好理解，比如一个人用力拉一根绳子，明明对绳子施加了一个力，但是这根绳子为什么不会被拉长？跟人手最近的那个点为什么不会被拉动？

答案自然是这个点附近的点给这个质点施加了一个相反的张力，这样这个点一边被人拉，另一边被它邻近的点拉，两个力的效果抵消了。但力的作用又是相互的，附近的点给端点施加了一个张力，那么这个附近的点也会受到一个来自端点的拉力，然而，这个附近的点也没动，所以它也必然会受到更里面点的张力。这个过程可以一直传播下去，最后的结果就是这根绳子所有的地方都会有张力。

而且，我们还可以断定：如果绳子的质量忽略不计，绳子也没有打结和被拉长，那么绳子内部的张力就应该处处相等（只要有一个点两边的张力不等，那么这个点就应该被拉走了，绳子就会被拉变形），这是个很重要的结论。

通过上面的分析，我们知道了当一根理想绳子处于紧绷状态的时候，绳子内部存在处处相等的张力。当一根绳子静止在地面的时候，它处于松弛状态，没有张力，但是当一个波传到这里的时候，绳子会变成一个波的形状，这时候就又存在张力了。正是这种张力让绳子上的点上下振动，所以，分析这种张力对绳子的影响就成了分析波动现象的关键。

43 | 波的受力分析

　　那么，我们就从处于波动状态的绳子中选择很小的一段 AB，来分析一下这小段绳子在张力的作用下是如何运动的。放心，这里并不会涉及什么复杂的物理公式，我们所需要的公式就一个，那就是大名鼎鼎的牛顿第二定律：$F=ma$。

　　牛顿第一定律告诉我们"一个物体在不受力或者受到的合外力为 0 的时候会保持静止或者匀速直线运动状态"，那么如果合外力不为 0 呢？牛顿第二定律就接着说了：如果合外力 F 不为 0，那么物体就会有一个加速度 a，它们之间的关系就由 $F=ma$ 来定量描述（m 是物体的质量）。也就是说，如果知道一个物体的质量 m，只要能分析出它受到的合外力 F，那么就可以根据牛顿第二定律 $F=ma$ 计算出它的加速度 a，知道加速度就知道它接下来要怎么动了。

　　牛顿第二定律就这样把一个物体的受力情况（F）和运动情况（a）结合起来了，我们想知道一个物体是怎么动的，只要分析它受到了什么力就行。

　　再来看波，我们从处于波动状态的绳子里选取很小的一段 AB，如果想知道 AB 是怎么运动的，就要分析它受到的合外力。因为不考虑绳子的质量，所以就不用考虑绳子的重力，那我们就只要分析绳子 AB 两端的张力 F_T 就行了。

如图 43.1 所示,绳子 AB 受到 A 点朝左下方的张力 $\boldsymbol{F}_T$ 和 B 点朝右上方的张力 $\boldsymbol{F}_T$,而且我们还知道这两个张力是相等的,所以才把它们都记为 $\boldsymbol{F}_T$。但是,我们也知道波动部分的绳子是弯曲的,那么这两个张力的方向是不一样的,这一点从图中可以非常明显地看出来。我们假设 A 点处张力的方向跟横轴夹角为 θ,B 点跟横轴的夹角就明显不一样了,我们记为 $\theta+\Delta\theta$。

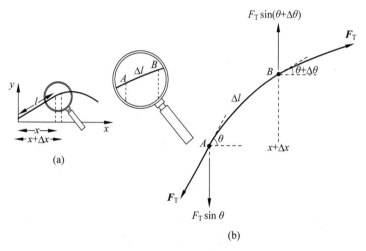

图 43.1　绳子的受力分析图

因为绳子上的点在波动时是上下运动,所以我们只考虑张力 $\boldsymbol{F}_T$ 在上下方向上的分量,水平方向上的就不考虑了。那么,我们把 AB 两点的张力 $\boldsymbol{F}_T$ 都分解一下,稍微用一点三角函数的知识我们就能发现:B 点处向上的张力为 $F_T \cdot \sin(\theta+\Delta\theta)$,$A$ 点向下的张力为 $F_T \cdot \sin\theta$。那么,整个 AB 段在竖直方向上受到的合力就等于这两个力相减:$F = F_T \cdot \sin(\theta+\Delta\theta) - F_T \cdot \sin\theta$。

好了,按照牛顿第二定律 $F = ma$,我们需要知道物体的合外力 $\boldsymbol{F}$、质量 m 和加速度 $\boldsymbol{a}$,现在我们已经知道了合外力 $\boldsymbol{F}$,那么质量 m 和加速度 $\boldsymbol{a}$ 呢?

44 | 波的质量分析

　　质量好说，我们假设绳子单位长度的质量为 μ，那么长度为 Δl 的绳子的质量就是 $\mu \cdot \Delta l$。

　　但是，因为我们取的是非常小的一段，假设 A 点的横坐标为 x，B 点的横坐标为 $x+\Delta x$，也就是说绳子 AB 在横坐标的投影长度为 Δx。那么，当我们取的绳长非常短，波动非常小的时候，就可以近似用 Δx 代替 Δl，这样绳子的质量就可以表示为：$\mu \cdot \Delta x$。

　　质量搞定了，剩下的就是加速度 a 了。你以为我们已经得到了合外力（$F=F_T \cdot \sin(\theta+\Delta\theta)-F_T \cdot \sin\theta$）和质量 m（$\mu \cdot \Delta x$），那么剩下肯定就是用合外力 F 除以质量 m 得到加速度 a（牛顿第二定律），不不不，这样就不好玩了。我们还可以从另一个角度来得到加速度 a，然后把它们作为拼盘拼起来。从哪里得到加速度 a 呢？从描述波的函数 $f(x,t)$ 里。

45 | 波的加速度分析

不知道大家还记得我们在前面说的描述波的函数 $y = f(x, t)$ 吗？这个函数的值 y 表示的是在 x 这个地方，时间为 t 的时候这一点的纵坐标，也就是波的高度。现在我们要求的也就是 AB 上下波动时的加速度，那么，怎样从这个描述点位置的函数里求出加速度 a 呢？

这里我们再来理解一下加速度 a。什么叫加速度？从名字就可以看出，这个量是用来衡量速度变化快慢的。加速度嘛，肯定是速度加得越快，加速度的值就越大。假如一辆车第 1 秒的速度是 2m/s，第 2 秒的速度是 4m/s，那么它的加速度就是用速度的差 $(4-2=2)$ 除以时间差 $(2-1=1)$，结果就是 $2\mathrm{m/s}^2$。

再来回想一下，我们是怎么求一辆车的速度的？我们是用距离的差来除以时间差的。比如一辆车第 1 秒距离起点 20m，第 2 秒距离起点 50m，那么它的速度就是用距离的差 30m（50－20）除以时间差 1s（2－1），结果就是 30m/s。

不知道大家从这两个例子里发现了什么没有？用距离的差除以时间差就得到了速度，再用速度的差除以时间差就得到了加速度，这两个过程都是除以时间差。那么，如果把这两个过程合到一块呢？那是不是就可以说：距离的差除以一次时间差，再除以一次时间差就可以得到加速度？

这样表述并不是很准确，但是却可以让大家很方便地理解这个思想。如果把距离看作关于时间的函数，我们对这个函数求一次导数（就是上面的距离差除以时间差，只不过趋于无穷小）就得到了速度的函数，对速度的函数再求一次导数就得到了加速度的表示。所以，我们把一个关于距离（位置）的函数对时间求两次导数，就可以得到加速度的表达式。

波的函数 $f(x,t)$ 不就是描述绳子上某一点在不同时间 t 的位置吗？那我们对 $f(x,t)$ 求两次关于时间的导数，自然就得到了这点的加速度 a。因为函数 f 是关于 x 和 t 两个变量的函数，所以我们只能求时间的偏导 $\partial f/\partial t$，再求一次偏导数就加个 2 上去。于是我们可以这样表示这点的加速度 $a=\partial^2 f/\partial t^2$（关于偏导数的介绍，微分篇里有详细叙述，这里不再说明）。

这样，我们就把牛顿第二定律 $F=ma$ 的三要素都凑齐了：$F=F_T\cdot\sin(\theta+\Delta\theta)-F_T\cdot\sin\theta, m=\mu\cdot\Delta x, a=\partial^2 f/\partial t^2$。把它们集合在一起就可以写出 AB 的运动方程了：

$$F_T[\sin(\theta+\Delta\theta)-\sin\theta]=\mu\Delta x\frac{\partial^2 f}{\partial t^2}$$

这个用牛顿第二定律写出来的波动方程，看起来怎么样？嗯，似乎有点丑，看起来也不太清晰，方程左边的东西看着太麻烦了，我们还需要对它进行一番改造。那怎么改造呢？我们可以先把 $\sin\theta$ 给"干掉"。

46 | 方程的改造

为了能够顺利地"干掉"$\sin\theta$,我们先来回顾一下基本的三角函数。图 46.1 是一个直角三角形 abc,角 θ 的正弦值 $\sin\theta$ 等于对边 c 除以斜边 a,正切值 $\tan\theta$ 等于对边 c 除以邻边 b。

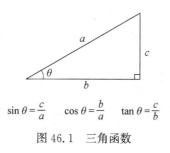

$$\sin\theta = \frac{c}{a} \qquad \cos\theta = \frac{b}{a} \qquad \tan\theta = \frac{c}{b}$$

图 46.1　三角函数

当角度 θ 很大的时候,a 比 b 要明显长一些。但是,一旦角度 θ 非常小,可以想象,邻边 b 和斜边 a 就快要重合了。这时候可以近似地认为 a 和 b 相等,也就是 $a \approx b$,于是就有 $c/b \approx c/a$,即 $\tan\theta \approx \sin\theta$。也就是说,在角度 θ 很小的时候,我们可以用正切值 $\tan\theta$ 近似代替正弦值 $\sin\theta$。

大家要知道,我们随便拿根绳子上下抖动,是得不到一个完美的波形的,我们得做一些近似。比如,我们前面就说了不考虑绳子的重量,也不能考虑能量的衰减,除了这些很明显的近似之外,还有一个不那么明显的近似：我们得假设这是一个小振动。

所谓小振动，直观地看就是用很小的力抖动绳子。容易想象，如果你用非常大的力迅速抖动绳子，它可能就没那么像一个波了。在数学上，这其实就是假设绳子的扰动非常小，形变非常小，也就是夹角 θ 很小，然后，我们就可以用正切值替换掉前面的正弦值了。于是，那个波动方程左边的 $\sin(\theta+\Delta\theta)-\sin\theta$ 就可以替换为：$\tan(\theta+\Delta\theta)-\tan\theta$。

$$F_T\left[\tan(\theta+\Delta\theta)-\tan\theta\right]=\mu\Delta x\,\frac{\partial^2 f}{\partial t^2} \tag{46.1}$$

为什么我们要用正切值 $\tan\theta$ 代替正弦值 $\sin\theta$ 呢？因为正切值 $\tan\theta$ 还可以代表一条直线的斜率，代表曲线在某一点的导数。想想正切值的表达式 $\tan\theta=c/b$，如果建一个坐标系，那么这个 c 刚好就是直线在 y 轴的投影 dy，b 就是在 x 轴的投影 dx，它们的比值刚好就是导数 dy/dx，也就是说 $\tan\theta=dy/dx$。

然而，因为波的函数 $f(x,t)$ 是关于 x 和 t 的二元函数，所以我们只能求某一点的偏导数，那么正切值就等于它在这个点的偏导数：$\tan\theta=\partial f/\partial x$。于是，原来的波动方程就可以写成这样：

$$F_T\left(\frac{\partial f}{\partial x}\bigg|_{x+\Delta x}-\frac{\partial f}{\partial x}\bigg|_{x}\right)=\mu\Delta x\,\frac{\partial^2 f}{\partial t^2} \tag{46.2}$$

这里我稍微解释一下偏导数的符号，我们用 $\partial f/\partial x$ 表示函数 $f(x,t)$ 的偏导数，这是一个函数，x 可以取各种各样的值。但是，如果我加了一个竖线 $|$，然后在竖线的右下角标上 $x+\Delta x$ 就表示我要求在 $x+\Delta x$ 这个地方的导数。

再来看一下图 43.1，我们已经约定了 A 点的横坐标为 x，对应的角度为 θ；B 点的横坐标是 $x+\Delta x$，对应的角度为 $\theta+\Delta\theta$。所以，我们可以用 $x+\Delta x$ 和 x 这两处的偏导数值代替 $\theta+\Delta\theta$ 和 θ 这

两处的正切值 $\tan(\theta+\Delta\theta)$ 和 $\tan\theta$,所以波动方程才可以写成式(46.2)那样。

接着,如果我们再对式(46.2)的两边同时除以 Δx,那左边就变成了函数 $\partial f/\partial x$ 在 $x+\Delta x$ 和 x 这两处的值的差除以 Δx,这其实就是 $\partial f/\partial x$ 这个函数的导数表达式。也就是说,两边同时除以一个 Δx 之后,左边就变成了偏导数 $\partial f/\partial x$ 对 x 再求一次导数,那就是 $f(x,t)$ 对 x 求二阶偏导数了。

上面我们已经用 $\partial^2 f/\partial t^2$ 来表示函数对 t 的二阶偏导数,那么这里自然就可以用 $\partial^2 f/\partial x^2$ 来表示函数对 x 的二阶偏导数。然后两边再同时除以 F_T,得到的方程就简洁多了:

$$\frac{\partial^2 f}{\partial x^2}=\frac{\mu}{F_T}\frac{\partial^2 f}{\partial t^2} \tag{46.3}$$

把式(46.1)左边的 $\tan(\theta+\Delta\theta)-\tan\theta$ 变成了函数 $f(x,t)$ 对变量 x 的二阶偏导数,这个过程非常重要,大家可以好好体会一下这个过程。因为正切值 $\tan\theta$ 就是一阶导数,然后两个正切值的差除以自变量的变化就又产生了一次导数,于是就有了二阶导数,所以我们才能得到简洁的式(46.3)。

47 | 经典波动方程

再看看式(46.3)右边的 μ/F_T，如果仔细去算一下 μ/F_T 的单位，就会发现它刚好是速度平方的倒数，也就是说，如果我们把一个量定义成 F_T/μ 的平方根，那么这个量的单位刚好就是速度的单位。

那么，它到底是不是波的传播速度呢？答案是肯定的。要证明这个结论也非常简单，我们只要写出这个方程的通解，很容易就能发现它就是那个速度 v。大家可以自己试一试，也可以找一本《数学物理方法》的教材去看一看，这里我就不细说了。

也就是说，如果我们把一个量定义成 F_T/μ 的平方根，那它就代表了波的传播速度 v：

$$v = \sqrt{\frac{F_T}{\mu}}$$

然后，把它代入式(46.3)，我们就得到了最终的波动方程：

$$\frac{\partial^2 f}{\partial x^2} = \frac{1}{v^2}\frac{\partial^2 f}{\partial t^2}$$

这个方程就是我们最终要找的经典波动方程，为什么称它为经典波动方程呢？因为它没有考虑量子效应，在物理学里，经典就是非量子的同义词。如果我们要考虑量子效应，这个经典的波动方程就没用了,我们就必须转而使用量子的波动方程,那就是大名鼎鼎的薛定谔方程。

薛定谔方程让物理学家们从被海森伯的矩阵支配的恐惧中解脱了出来,重新回到了微分方程的美好世界。不过,薛定谔方程虽然厉害,但是它并没有考虑狭义相对论效应,而高速运动(近光速)的粒子在微观世界是很常见的,我们也知道当物体接近光速的时候就必须考虑相对论效应,但是薛定谔方程并没有做到这一点。

最终让薛定谔方程相对论化是狄拉克,狄拉克把自己关在房间 3 个月,最终逼出了同样大名鼎鼎的狄拉克方程。狄拉克方程首次从理论上预言了反物质(正电子),虽然当时的科学家们认为狄拉克是在胡闹,但是我国的物理学家赵忠尧先生却几乎是在同时,并且是首次在实验室里观测到了正负电子湮灭的情况。

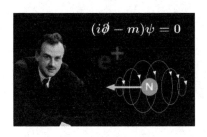

另外,狄拉克的工作也极大地推动了量子场论的发展,打开了一扇让人无比神往的新世界大门。物理学家们沿着这条路"驯服"了电磁力、强力、弱力,建立起了粒子物理的标准模型,于是四海清平,天下大定,除了那该死的引力。这些精妙绝伦的故事我们后面再讲,如果把这些故事写成一本《量子英雄传》,嗯,一定不比金庸的武侠逊色(关于量子力学的内容,大家可以参考我的另一本书《什么是量子力学》)。

好了,回归正题,看到波动方程后面还能掀起那么大的浪来,是不是突然就对它肃然起敬了呢？我们这样一顿操作推导出了经典波动方程,有的朋友可能有点懵,没关系,我们再来捋一下。这个看着很复杂的,包含了二阶偏导数的方程其实就只是告诉我们：把这跟绳子极小的一段看作一个质点,那么这个质点满足牛顿第二定律 $F=ma$,仅此而已。

48 复盘

　　我们的整个推导过程不过就是去寻找 $F=ma$ 中的这 3 个量。我们把绳子的张力在竖直方向做了分解,然后得到了它在竖直方向上的合力 $F(T\cdot\sin(\theta+\Delta\theta)-T\cdot\sin\theta)$;我们定义了单位长度的质量 μ,然后就可以计算那小段绳子的质量 $m(\mu\cdot\Delta x)$;我们通过对波的函数 $f(x,t)$ 的分析,发现如果对这种表示距离(位移)的函数对时间求一次偏导数就得到了速度,再求一次偏导数就得到了加速度,于是我们就得到了这段绳子的加速度 $a(\partial^2 f/\partial t^2)$。然后我们就把这些量按照牛顿第二定律 $F=ma$ 拼了起来。

　　在处理问题的过程中,我们做了很多近似:因为我们取的是很小的一段,那么就可以用 Δx 近似代替绳子的长度 Δl;我们假设这是小振动,扰动很小,绳子偏离 x 轴很小,那么角度 θ 就很小,那就可以近似用正切值 $\tan\theta$ 代替正弦值 $\sin\theta$。很多人乍一看,觉得这么严格的推导怎么能这么随意的近似呢。这里近似那里近似,得到的最终结果还是准确的吗?

　　要理解这个问题,就得正式去学习微积分了,它的一个核心思想就是"以直代曲"。微积分里就是用各种小段的直线去近似的代替曲线,但是得到的结果却是精确的。同理,我们把这些线段取得非常小,或者说是无穷小,算出来的结果也同样是精确的。又因为我们做了小振动近似,那夹角 θ 也非常小,也就可以用 $\tan\theta$ 代替 $\sin\theta$。

另外,因为 $\tan\theta$ 就是一次导数,然后它们的差再除以一次 Δx,就又出现了一次导数,所以方程的左边就出现了 $f(x,t)$ 对位置 x 的两次偏导数。方程的右边就是函数 $f(x,t)$ 对时间 t 求两次偏导数得到的加速度 a(求一次导数得到速度,求两次就得到加速度)。

所以,虽然我们看到的是一个波动方程,其实它只是一个"变装"了的牛顿第二定律 $F=ma$。理解这点,波动方程就没什么奇怪的了。我们再来仔细审视一下这个方程:

$$\frac{\partial^2 f}{\partial x^2} = \frac{1}{v^2}\frac{\partial^2 f}{\partial t^2}$$

这个波动方程的意义也很直观,它告诉我们 $f(x,t)$ 这样一个随时间 t 和空间 x 变化的函数,如果这个二元函数对空间 x 求两次导数得到的 $\partial^2 f/\partial x^2$ 和对时间 t 求两次导数得到的 $\partial^2 f/\partial t^2$ 之间满足上面的那种关系,那么 $f(x,t)$ 描述的就是一个波。

如果去解这个方程,我们得到的就是描述波的函数 $f(x,t)$。而我们前面对波做数学分析的时候得到了这样一个结论:如果一个函数 $f(x,t)$ 描述的是波,那么就一定满足 $f(x,t)=f(x-vt,0)$。所以,波动方程的解 $f(x,t)$ 肯定也满足前面这个关系,对这一点感兴趣的朋友可以自己去证明一下。

好了,经典的波动方程我们就先讲到这里。有了波动方程,我们就会发现通过几步简单的运算就能从麦克斯韦方程组中推导出电磁波的方程,然后还能确定电磁波的速度。

49 | 真空中的麦克斯韦方程组

麦克斯韦方程组的微分形式是这样的:

$$
\begin{cases}
\nabla \cdot \boldsymbol{E} = \dfrac{\rho}{\varepsilon_0} \\[2mm]
\nabla \cdot \boldsymbol{B} = 0 \\[2mm]
\nabla \times \boldsymbol{E} = -\dfrac{\partial \boldsymbol{B}}{\partial t} \\[2mm]
\nabla \times \boldsymbol{B} = \mu_0 \left(\boldsymbol{J} + \varepsilon_0 \dfrac{\partial \boldsymbol{E}}{\partial t} \right)
\end{cases}
$$

这组方程的来龙去脉我们在微分篇里已经做了详细的介绍,这里不再多说。这组方程里,$\boldsymbol{E}$ 表示电场强度,$\boldsymbol{B}$ 表示磁感应强度,ρ 表示电荷密度,$\boldsymbol{J}$ 表示电流密度,ε_0 和 μ_0 分别表示真空中的介电常数和磁导率(都是常数),∇ 是矢量微分算子,$\nabla \cdot$ 和 $\nabla \times$ 分别表示散度和旋度:

$$
\nabla = \frac{\partial}{\partial x} \boldsymbol{x} + \frac{\partial}{\partial y} \boldsymbol{y}
$$

接下来我们的任务,就是看如何从这组方程里推出电磁波的方程。

首先,如果真的能形成波,那么这个波肯定就要往外传,在远离了电荷、电流(也就是没有电荷、电流)的地方它还能自己传播。

所以,我们先让电荷密度 ρ 和电流密度 J 都等于 0,当 $\rho=0$,$J=0$ 时,我们得到的就是真空中的麦克斯韦方程组:

$$\begin{cases} \nabla \cdot \boldsymbol{E}=0 & (49.1) \\[2mm] \nabla \cdot \boldsymbol{B}=0 & (49.2) \\[2mm] \nabla \times \boldsymbol{E}=-\dfrac{\partial \boldsymbol{B}}{\partial t} & (49.3) \\[2mm] \nabla \times \boldsymbol{B}=\mu_0 \varepsilon_0 \dfrac{\partial \boldsymbol{E}}{\partial t} & (49.4) \end{cases}$$

有些人觉得怎么能让电荷密度 ρ 等于 0 呢？这样第一个方程就成了电场强度的散度 $\nabla \cdot \boldsymbol{E}=0$,那不就等于说电场强度 $\boldsymbol{E}$ 等于 0,没有电场了吗？没有电场还怎么产生电磁波？

很多初学者都会有这样一种误解:觉得电场强度的散度 $\nabla \cdot \boldsymbol{E}$ 等于 0 了,那么就没有电场了。其实,电场强度的散度等于 0,只是说明通过包含这一点的无穷小曲面的电通量为 0,电通量为 0 不代表电场强度 $\boldsymbol{E}$ 为 0,因为进出这个曲面的电通量(电场线的数量)可以相等。这样有多少正的电通量(进去的电场线数量)就有多少负的电通量(出来的电场线数量),进出正负抵消了,所以总的电通量还是 0。于是,这点的散度 $\nabla \cdot \boldsymbol{E}$ 就可以为 0,而电场强度 $\boldsymbol{E}$ 却不为 0。

所以大家一定要区分清楚:电场强度 $\boldsymbol{E}$ 的散度为 0 不代表电场强度 $\boldsymbol{E}$ 为 0,它只是要求电通量为 0 而已,磁场也一样。

这样我们再来审视一下真空中($\rho=0$,$J=0$)的麦克斯韦方程组:式(49.1)和式(49.2)告诉我们真空中电场和磁场的散度为 0,式(49.3)和式(49.4)告诉我们电场和磁场的旋度等于磁场和电场的变化率。前两个方程都是独立描述电和磁的,后两个方程则是电和磁之间的相互关系。我们隐隐约约能感觉到:如果要推导出电磁波的方程,肯定得把上面几个方程综合起来,因为波是要往外传的,而上面单独的方程都只是描述某一点的旋度或者散度。

有一个很简单的把它们综合在一起的方法:对式(49.3)和式(49.4)两边同时再取一次旋度。

式(49.3)的左边是电场强度的旋度$\nabla \times \boldsymbol{E}$,对它再取一次旋度就变成了$\nabla \times (\nabla \times \boldsymbol{E})$;式(49.3)的右边是磁场的变化率,对右边取一次旋度可以得到磁感应强度$\boldsymbol{B}$的旋度$\nabla \times \boldsymbol{B}$,这样不就刚好跟式(49.4)联系起来了吗? 对式(49.4)两边取旋度看起来也一样,这是个不错的兆头。

可能有些朋友会有一些疑问:凭什么对式(49.3)和式(49.4)的两边取旋度,而不取散度呢? 如果感兴趣可以两边都取散度试试,就会发现电场强度$\boldsymbol{E}$的旋度取散度$\nabla \cdot (\nabla \times \boldsymbol{E})$的结果恒等于0。

这一点看式(49.3)的右边会更清楚,式(49.3)的右边是磁场的变化率,如果对方程左边取散度,那么右边也得取散度,而右边磁感应强度的散度是恒为0的($\nabla \cdot \boldsymbol{B} = 0$就是式(49.2)的内容)。这样就得不出什么有意义的结果。

所以,我们现在的问题变成了:如何求电场强度$\boldsymbol{E}$的旋度的旋度$(\nabla \times (\nabla \times \boldsymbol{E}))$? 因为旋度毕竟和叉乘密切相关,所以我们还是先来看看叉乘的叉乘。

50 | 叉乘的叉乘

在积分篇和微分篇里,我已经跟大家详细介绍了矢量的点乘和叉乘,而且我们还知道点乘的结果 $A \cdot B$ 是一个标量,而叉乘的结果 $A \times B$ 是一个矢量(方向可以用右手定则来判断,右手从 A 指向 B,大拇指的方向就是 $A \times B$ 的方向)。

而点乘和叉乘都是矢量之间的运算,那么 $A \cdot B$ 的结果是一个标量,它就不能再和其他矢量进行点乘或者叉乘了。但是,$A \times B$ 的结果仍然是一个矢量,那么按照道理它还可以继续跟新的矢量进行点乘或者叉乘运算,这样我们的运算就可以有 3 个矢量参与,这种结果就称为三重积。

$A \cdot (B \times C)$ 的结果是一个标量,所以这叫标量三重积;$A \times (B \times C)$ 的结果还是一个矢量,它叫矢量三重积。

标量三重积 $A \cdot (B \times C)$ 其实很简单,我在微分篇说过,两个矢量的叉乘的大小等于它们组成的平行四边形的面积,那么这个面积再和一个矢量点乘,会发现这刚好就是 3 个矢量 A、B、C 组成的平行六面体的体积。大家看一下图 50.1 就会明白。而且,既然是体积,那么随意更换它们的顺序肯定都不会影响最终的结果。我们真正要重点考虑的还是矢量三重积。

矢量三重积 $A \times (B \times C)$,跟我们上面说的电场强度 E 旋度的

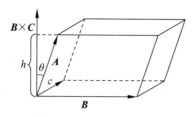

图 50.1　标量三重积是 3 个矢量围成平行六面体的体积

旋度 $\nabla \times (\nabla \times E)$ 形式相近,密切相关。它没有上面标量三重积那样简单直观的几何意义,我们好像只能从数学上去推导,这个推导过程,哎,我还是直接写结果吧:

$$A \times (B \times C) = B(A \cdot C) - C(A \cdot B)$$

结果是这样,是不是很难看? 嗯,确实有点丑。不过记这个公式有个简单的口诀:远交近攻。什么叫远交近攻呢? 当年秦相范雎,不,是 $A \times (B \times C)$ 里的 A 距离 B 近一些,距离 C 远一些,所以 A 要联合 C($A \cdot C$ 前面的符合是正号)攻打 B($A \cdot B$ 前面的符号是负号),这样这个公式就好记了,感兴趣的可以自己去完成推导过程。

51 | 旋度的旋度

有了矢量三重积的公式,我们就来依样画葫芦,来套一套电场强度 E 的旋度的旋度 $\nabla\times(\nabla\times E)$。我们对比一下这两个式子:$A\times(B\times C)$ 和 $\nabla\times(\nabla\times E)$,好像只要把 A 和 B 都换成 ∇,把 C 换成 E 就行了。那么,矢量三重积的公式($A\times(B\times C)=B(A\cdot C)-C(A\cdot B)$)就变成了:

$$\nabla\times(\nabla\times E)=\nabla(\nabla\cdot E)-E(\nabla\cdot\nabla)$$

$\nabla(\nabla\cdot E)$ 表示电场强度 E 的散度的梯度,散度 $\nabla\cdot E$ 的结果是一个标量,标量的梯度是有意义的,但是后面那个 $E(\nabla\cdot\nabla)$ 是什么呢?两个 ∇ 算子挤在一起,中间还是一个点乘的符号,看起来好像是在求 ∇ 的散度($\nabla\cdot$),可是 ∇ 是一个算子,又不是一个矢量函数,怎么求它的散度?而且两个 ∇ 前面有一个电场强度 E,怎么 E 还跑到 ∇ 算子前面去了?

我们再看一下矢量三重积的公式的后面一项 $C(A\cdot B)$。这个式子的意思是矢量 A 和 B 先进行点乘,点乘的结果 $A\cdot B$ 是一个标量,然后这个标量再跟矢量 C 相乘。很显然,如果是一个标量和一个矢量相乘,那么这个标量放在矢量的前面或后面都无所谓($3C=C3$),也就是说,$C(A\cdot B)=(A\cdot B)C$。

同样的,$E(\nabla\cdot\nabla)$ 就可以换成 $(\nabla\cdot\nabla)E$,而它还可以写成 $\nabla^2 E$,这样就牵扯出了另一个大名鼎鼎的东西:拉普拉斯算子 ∇^2。

52 | 拉普拉斯算子 ∇^2

拉普拉斯算子 ∇^2 在物理学界可谓大名鼎鼎，它看起来好像是哈密顿算子 ∇ 的平方，其实它的定义是梯度的散度。

我们假设空间上一点 (x,y,z) 的温度由 $T(x,y,z)$ 来表示，那么这个温度函数 $T(x,y,z)$ 就是一个标量函数，我们可以对它取梯度 ∇T，因为梯度是一个矢量（梯度有方向，指向变化最快的那个方向），所以我们可以再对它取散度 $\nabla\cdot$。

我们利用在微分篇学的 ∇ 算子的展开式和矢量坐标乘法的规则，就可以把温度函数 $T(x,y,z)$ 的梯度的散度（也就是 $\nabla^2 T$）表示出来：

$$\nabla^2 T = \nabla\cdot(\nabla T)$$

$$= \left(\frac{\partial}{\partial x}\hat{x} + \frac{\partial}{\partial y}\hat{y} + \frac{\partial}{\partial z}\hat{z}\right)\cdot\left(\frac{\partial T}{\partial x}\hat{x} + \frac{\partial T}{\partial y}\hat{y} + \frac{\partial T}{\partial z}\hat{z}\right)$$

$$= \frac{\partial^2 T}{\partial x^2} + \frac{\partial^2 T}{\partial y^2} + \frac{\partial^2 T}{\partial z^2}$$

再对比一下三维的 ∇ 算子：

$$\nabla = \frac{\partial}{\partial x}\hat{x} + \frac{\partial}{\partial y}\hat{y} + \frac{\partial}{\partial z}\hat{z}$$

所以，我们把上面的结果（梯度的散度）写成 ∇^2 也是非常容易

理解的,它跟∇算子的差别也就是每项多了一个平方。于是,拉普拉斯算子∇^2就自然可以写成这样:

$$\nabla^2 = \frac{\partial^2}{\partial x^2} + \frac{\partial^2}{\partial y^2} + \frac{\partial^2}{\partial z^2}$$

从拉普拉斯算子∇^2的定义我们可以看到,似乎它只能作用于标量函数(因为要先取梯度),但是我们把∇^2稍微扩展一下,就能让它也作用于矢量函数$\boldsymbol{v}(x,y,z)$。我们只要让矢量函数的每个分量分别去取∇^2,就可以定义矢量函数的∇^2:

$$\nabla^2 \boldsymbol{v} = (\nabla^2 v_x)\hat{\boldsymbol{x}} + (\nabla^2 v_y)\hat{\boldsymbol{y}} + (\nabla^2 v_z)\hat{\boldsymbol{z}}$$

定义了矢量函数的拉普拉斯算子,我们稍微注意一下下面的这个结论(自己去证明):

$$\nabla^2 \boldsymbol{v} = (\nabla \cdot \nabla)\boldsymbol{v} \neq \nabla(\nabla \cdot \boldsymbol{v})$$

然后再看看中间的那个东西,是不是有点儿眼熟?

我们在求电场强度 E 的旋度的旋度的时候,不就刚好出现了$(\nabla \cdot \nabla)E$ 吗?现在我们就可以理直气壮地把它替换成$\nabla^2 E$ 了,于是,电场强度 E 的旋度的旋度就可以写成这样:

$$\nabla \times (\nabla \times E) = \nabla(\nabla \cdot E) - (\nabla \cdot \nabla)E = \nabla(\nabla \cdot E) - \nabla^2 E$$

至此,我们利用矢量的三重积公式推导电场强度 E 的旋度的旋度的过程就结束了,然后我们就得到了这个极其重要的结论:

$$\nabla \times (\nabla \times E) = \nabla(\nabla \cdot E) - \nabla^2 E$$

它告诉我们:电场强度的旋度的旋度等于电场强度散度的梯度减去电场强度的拉普拉斯。有了它,电磁波的方程立刻就可以推导出来了。

53 | 见证奇迹的时刻

我们再来看看真空中的麦克斯韦方程组的第三个方程,也就是法拉第定律是这样表示的:

$$\nabla \times \boldsymbol{E} = -\frac{\partial \boldsymbol{B}}{\partial t}$$

我们对这个公式两边都取旋度,左边就是上面的结论,右边无非就是对磁感应强度 $\boldsymbol{B}$ 取个旋度,即:

$$\nabla(\nabla \cdot \boldsymbol{E}) - \nabla^2 \boldsymbol{E} = -\frac{\partial}{\partial t}(\nabla \times \boldsymbol{B})$$

看看这几项,再看看真空中的麦克斯韦方程组:式(49.1)告诉我们 $\nabla \cdot \boldsymbol{E} = 0$,式(49.2)告诉我们 $\nabla \times \boldsymbol{B} = \mu_0\varepsilon_0(\partial \boldsymbol{E}/\partial t)$,我们把这两项代入到上面的式子中去,那结果自然就变成了:

$$0 - \nabla^2 \boldsymbol{E} = -\frac{\partial}{\partial t}\left(\mu_0\varepsilon_0 \frac{\partial \boldsymbol{E}}{\partial t}\right)$$

μ_0、ε_0 都是常数,那右边自然就变成了对电场强度 $\boldsymbol{E}$ 求两次偏导。再把负号整理一下,最后的方程就是这样:

$$\nabla^2 \boldsymbol{E} = \mu_0\varepsilon_0 \frac{\partial^2 \boldsymbol{E}}{\partial t^2} \tag{53.1}$$

于是我们就神奇般地把磁感应强度 $\boldsymbol{B}$ 消掉了,让这个方程只包含电场强度 $\boldsymbol{E}$。我们再对比一下之前推导出的经典波动方程:

$$\frac{\partial^2 f}{\partial x^2} = \frac{1}{v^2} \frac{\partial^2 f}{\partial t^2}$$

我们在推导经典波动方程的时候只考虑了一维的情况,因为我们只考虑波沿着绳子这一个维度传播的情况,所以我们的结果里只有 $\partial^2 f / \partial x^2$ 这一项。如果我们考虑三维的情况,那么不难想象波动方程的左边应该写成三项,这三项刚好就是 f 的三维拉普拉斯:

$$\nabla^2 f = \frac{\partial^2 f}{\partial x^2} + \frac{\partial^2 f}{\partial y^2} + \frac{\partial^2 f}{\partial z^2}$$

所以我们的经典波动方程其实可以用拉普拉斯算子写成如下更普适的形式:

$$\nabla^2 f = \frac{1}{v^2} \frac{\partial^2 f}{\partial t^2}$$

再看看我们刚刚从麦克斯韦方程组中得到的电场方程——式(53.1)。

我们推出的电场方程跟经典波动方程的形式是一模一样的,现在我们说电场强度 E 是一个波,还有任何异议吗?

我们把电场强度 E 变成了一个独立的方程,代价是这个方程变成了二阶(方程出现了平方项)的。对于磁场,一样的操作,我们对真空中麦克斯韦方程组的方程 $4(\nabla \times \boldsymbol{B} = \mu_0 \varepsilon_0 (\partial \boldsymbol{E} / \partial t))$ 两边取旋度,再重复一次上面的过程,就会得到独立的磁感应强度 $\boldsymbol{B}$ 的方程:

$$\nabla^2 \boldsymbol{B} = \mu_0 \varepsilon_0 \frac{\partial^2 \boldsymbol{B}}{\partial t^2}$$

这样,我们就发现 E 和 B 都满足波动方程,也就是说,电场、磁场都以波动的形式在空间中传播,这自然就是电磁波了。

54 | 电磁波的速度

对比一下电场和磁场的波动方程,会发现它们的形式是一模一样的(就是把 E 和 B 互换了一下),这样,它们的波速也应该是一样的。对比一下经典波动方程的速度项,电磁波的速度 v 自然就是这样:

$$v = \frac{1}{\sqrt{\mu_0 \varepsilon_0}} \tag{54.1}$$

μ_0、ε_0 的数值是:$\mu_0 = 4\pi \times 10^{-7}\,\mathrm{m \cdot kg/C^2}$,$\varepsilon_0 \approx 8.8541878 \times 10^{-12}\,\mathrm{C^2 \cdot s^2/(kg \cdot m^3)}$,代入式(54.1)得:

$$v = \sqrt{\frac{1}{(4\pi \times 10^{-7}\,\mathrm{m \cdot kg/C^2})[8.8541878 \times 10^{-12}\,\mathrm{C^2 \cdot s^2/(kg \cdot m^3)}]}}$$

$$= \sqrt{8.987552 \times 10^{16}\,\mathrm{m^2/s^2}} \approx 2.9979 \times 10^8\,\mathrm{m/s}$$

再查一下真空中的光速 $c = 299792458\,\mathrm{m/s}$。

前者是我们从麦克斯韦方程组算出来的电磁波的速度,后者是从实验里测出来的光速。有这样的数据做支撑,麦克斯韦当年才敢大胆预测:光就是一种电磁波。

当然,"光是一种电磁波"在我们现在看来并不稀奇,但是回顾一下历史:科学家们是在研究各种电现象的时候引入了真空介电

常数 ε_0，在研究磁铁的时候引入了真空磁导率 μ_0，它们压根就跟光没有任何关系。麦克斯韦基于理论的美学和他惊人的数学才能，提出了位移电流假说（从推导里我们也可以看到：如果没有麦克斯韦加入的位移电流这一项，是不会有电磁波的），预言了电磁波，然后发现电磁波的速度只跟 μ_0、ε_0 相关，还刚好就等于人们测量的光速，这如何能不让人震惊？

麦克斯韦一直以为自己在研究电磁理论，但是当他的电磁大厦落成时，却意外地发现光的问题也被顺手解决了，原来他一直在盖的是电磁光大厦。搞理论研究还可以买二送一，打折促销力度如此之大，惊不惊喜，意不意外？

总之，麦克斯韦相信自己的方程，相信光就是一种电磁波，当赫兹最终在实验室里发现了电磁波，并证实它的速度确实等于光速之后，麦克斯韦和他的理论获得了无上的荣耀。爱因斯坦后来却因为不太相信自己的方程（认为宇宙不可能在膨胀）转而修改了它，于是他就错失了预言宇宙膨胀的机会。后来哈勃用望远镜观测到宇宙确实在膨胀时，爱因斯坦为此懊恼不已。

55 | 结 语

回顾一下电磁波的推导过程,我们就是在真空麦克斯韦方程组的第 3 个方程和第 4 个方程的两边取旋度,就很自然地得出了电磁波的方程,然后得到了电磁波的速度等于光速 c。这里其实有一个很关键的问题:这个电磁波的速度是相对谁的?它是相对哪个参考系而言的?

在牛顿力学里,我们说一个物体的速度,肯定是相对某个参考系而言的。比如说高铁的速度是 300km/h,这是相对地面的,如果相对太阳那速度就大了。这个道理在我们前面讨论的波那里也一样,我们说波的速度一般都是这个波相对于它所在介质的速度:比如绳子上的波通过绳子传播,这个速度就是相对于绳子而言的;水波是波在水里传播,那么这个速度就是相对水而言的;声波是波在空气里传播(真空中听不到声音),声波的速度就自然是相对空气的速度。

那么,电磁波呢?从麦克斯韦方程组推导出的电磁波的速度是相对谁的?水?空气?显然都不是,因为电磁波并不需要水或者空气这种实体介质才能传播,它在真空中也能传播,不然我们是怎么看到太阳光和宇宙深处的星光的?而且,我们在推导电磁波的过程中也根本没有预设任何参考系。

当时的物理学家们就假设电磁波的介质是一种遍布空间的叫作"以太"的东西,于是大家开始去寻找以太,但是怎么找都找不到。此外,电磁波的发现极大地支持了麦克斯韦的电磁理论,但是它跟牛顿力学之间却存在着根本矛盾,怎么办呢?

1879 年,麦克斯韦去世,同年,爱因斯坦降生,这仿佛是两代伟人的一个交接仪式。麦克斯韦电磁理论与牛顿力学之间的矛盾,以及"以太"这个大坑都被年轻的爱因斯坦搞定了,爱因斯坦搞定它们的方法就是大名鼎鼎的狭义相对论。其实,当麦克斯韦把他的电磁理论提出来之后,狭义相对论的问世就几乎是必然的了,因为麦克斯韦的电磁理论其实就是狭义相对论框架下的理论,这也是它跟牛顿力学冲突的核心。所以,爱因斯坦才会把他狭义相对论的论文取名为《论动体的电动力学》。

麦克斯韦的电磁理论结束了一个时代,却又开启了一个新时代(相对论时代),它跟牛顿力学到底有什么矛盾?为什么非得狭义相对论才能解决这种矛盾?这些内容是我的另一本书《什么是相对论》里要讨论的重点。我会尽力让大家看到科学的发展有它清晰的内在逻辑和原因,并不是谁拍拍脑袋就能提出一个石破天惊的新理论出来的。

此外,电磁理论和牛顿力学的融合是人类解决两个非常成功却又直接冲突理论的一次非常宝贵的经验,这跟我们现在面临的问题(广义相对论和量子力学的冲突)非常类似。我希望能够通过这种叙述给喜欢科学的少年们一些启示,让他们以后面对广义相对论和量子力学冲突的时候,能够有一些灵感。

没错,我在期待未来的爱因斯坦……

扩展阅读一

从麦克斯韦方程组到狭义相对论

在 20 世纪初,物理学领域内发生了两场非常深刻的革命——相对论和量子力学,它们极大地改变了我们对物理世界的看法,也极大地改变了我们的生活。

在这两场科学革命里,量子力学是大家群策群力,你添一块砖,我加一块瓦,经过 20 多年一众科学家的不懈努力才慢慢把它的基本框架搭了起来。而相对论不一样,爱因斯坦在 1905 年发表了狭义相对论的开山论文《论动体的电动力学》,这篇论文不仅宣告了狭义相对论的诞生,也把狭义相对论的基本框架都搭好了,相当于一出手就把整栋楼都给盖好了。

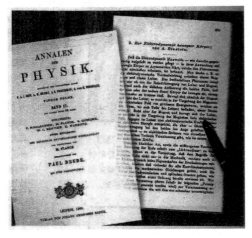

《论动体的电动力学》

这篇论文的重要性不用我多说,但它的题目却很有意思,它不叫"论狭义相对论的诞生",也不叫什么"一种新的力学体系",而是叫了一个看起来跟新理论完全没什么关系的名字,论什么动体的电动力学。

我们知道,电动力学的核心就是我们这里讲的麦克斯韦方程组。爱因斯坦要论运动物体的电动力学,从字面上看,就是要用麦克斯韦方程组来分析运动物体的情况,然后逐步就把狭义相对论分析出来了,这是不是有点意思? 而且,如果大家熟悉物理学专业的课程,就会发现物理学专业一般没有单独的狭义相对论课程,狭义相对论一般是放在电动力学的最后一章讲。所以,大家应该能感觉到狭义相对论跟电动力学的关系不太一般了吧!

其实,我之所以写麦克斯韦方程组,也是因为狭义相对论。我就是为了能更好地科普狭义相对论,才先科普麦克斯韦方程组,因为它们的关系确实非同一般。

那问题就来了,电动力学,或者说这里的麦克斯韦方程组,它跟狭义相对论有什么关系? 为什么爱因斯坦要把狭义相对论的论文取名为《论动体的电动力学》? 为什么狭义相对论的课程要放在电动力学里呢? 下面,我们一起来看看。

01 | 电磁波

在电磁波篇里，我带着大家从麦克斯韦方程组的微分形式一步步推出了电磁波的方程，并且得到了电磁波在真空的传播速度：

$$v = \frac{1}{\sqrt{\mu_0 \varepsilon_0}}$$

我们把真空中的介电常数 ε_0，以及真空磁导率 μ_0 代进去得到：$v \approx 2.9979 \times 10^8\,\mathrm{m/s}$。

经过简单的运算，我们发现电磁波在真空中的速度刚好就是光速 c。

到了 19 世纪，人们已经知道光速是有限的了，实验物理学家也设计了各种实验去测量光速。麦克斯韦没有管光的事情，而是研究电和磁的理论，然后得到了麦克斯韦方程组，并从中推出了电磁波的方程。当麦克斯韦把具体数据代入进去以后，发现电磁波的速度竟然刚好就等于人们在实验室里测量到的光速。

大家要注意，介电常数是人们研究带电现象时得到的一个常数，磁导率是人们研究磁现象时得到的一个常数，当我们把这两个看起来跟光完全不搭边的常数代入电磁波的速度公式之后，得到电磁波的速度竟然就等于光速 c，你说这巧不巧？当然，麦克斯韦认为世上没有那么巧的事，于是，他预言光就是一种电磁波。在麦克斯韦去世 9 年后，赫兹首次在实验室里发现了电磁波。

02 | 参考系

通过前面的介绍，大家应该已经知道电磁波是怎么来的，也知道它在真空中的速度就是光速 c。但是，在这些看起来很自然的事情里，却暗含了一个非常重要的问题：当我们说电磁波的速度是光速 c 的时候，这个速度是相对哪个参考系而言的?

我们知道，当谈论一个物体的速度时，一定要先指定参考系，否则谈论物体的速度就没有任何意义。某人坐在车上，车上的朋友觉得他没动，地面上的朋友却会觉得他在做高速运动，他们说得都对。当以车子为参考系时，他是静止的，速度为 0；当他以地面为参考系的时候，他是运动的，速度就等于车速。

所以，如果要谈论某人的速度，就一定要先指定这个速度是相对地面系而言的还是相对汽车系而言的，否则，谈论他的速度就毫无意义。

同理,某人坐在家里的时候,他觉得自己没动,但如果以太阳为参考系,他又围绕太阳在高速运动。因此,单独说一个物体是静止的还是运动的,或者说它的速度是多少都是没有意义的,一定要先指定参考系。只有先指定了参考系,我们才能说物体相对这个参考系的速度是多少,这样谈论速度才有意义。

　　相信这些例子并不难理解,大家应该也能接受"凡谈论速度,必先指定参考系"。但这样的话,前面的问题就来了:我们刚刚不是从麦克斯韦方程组的微分形式里推导出了电磁波吗?而且还知道电磁波在真空中的速度就是光速 c。而我们刚刚又说谈论速度一定要事先指定参考系,那问题就来了:电磁波的这个速度是相对哪个参考系而言的?

　　是不是突然有点懵?回顾一下电磁波的推导过程,我们好像就是拿起麦克斯韦方程组进行一通数学操作,然后就推出了速度为光速 c 的电磁波,我们似乎并没有指定什么参考系。但是,如果没有指定参考系,那这个速度是相对谁的呢?如果有参考系,那这个参考系又是什么呢?

　　大家可以回到电磁波篇,再去看一看我们推导电磁波的过程,去看看我们讨论电磁波的速度时,到底有没有指定参考系。这是麦克斯韦方程组跟我们开的一个善意的玩笑,因为这里藏着通往狭义相对论的钥匙。

　　此处休息十分钟……

　　好了,如果大家已经回看了电磁波的推导过程,那请告诉我:我们从麦克斯韦方程组里推出了电磁波,当我们说电磁波的速度是光速 c 的时候,我们有没有指定参考系?如果有,那这个参考系是什么?如果没有,那这个速度算谁的?

　　我们指定地面系了吗?我们指定了从麦克斯韦方程组推出电

磁波的过程只能在地面系进行吗？好像没有，我们在推导时好像并没有提到地面系。

那么，我们指定了火车系、太阳系、银河系了吗？显然都没有！我们在电磁波篇就是拿着麦克斯韦方程组的微分形式，对它进行数学操作，然后就得到了电磁波的方程以及它的速度，整个过程好像并没有指定任何参考系。

那这就有意思了：我们没有指定任何参考系，但却从麦克斯韦方程组里推出了一个电磁波的速度，那这个速度算谁的？挂个失物招领，有参考系敢来认领吗？

这其实是个非常棘手的问题，我们再来仔细分析一下：假如麦克斯韦方程组在地面系成立，那我们就能在地面系利用麦克斯韦方程组推出电磁波的方程，进而得到电磁波的速度。这样的话，我们就可以说这个电磁波的速度是相对地面系而言的。同理，如果我们认为麦克斯韦方程组在火车系、太阳系也成立，我们一样可以在火车系、太阳系利用麦克斯韦方程组推出电磁波，进而得出"在火车系、太阳系里，电磁波的速度是光速 c"的结论。

也就是说，只要麦克斯韦方程组在哪个参考系里是成立的，我们就可以在这个参考系里推出电磁波的方程。然后，我们就可以说电磁波的速度是相对这个参考系而言的。于是，我们就把电磁波的速度是相对哪个参考系而言的，转化成了麦克斯韦方程组在哪个参考系下成立。只要麦克斯韦方程组在这个参考系下成立，我们就能说这个参考系下电磁波的速度就是光速 c。

那么，我们自然就要问了：麦克斯韦方程组在哪些参考系里成立呢？它在地面系、火车系、太阳系都成立吗？

从直觉上来看，我们会倾向于认为麦克斯韦方程组在地面系、火车系(假设火车都是匀速运行)，在所有的惯性系里都成立，也就是认为我们既可以在地面系使用麦克斯韦方程组,也可以在火车系、太阳系使用方程组。因为麦克斯韦方程组是大家总结出来的物理定律,既然是物理定律,那就应该在地面上可以用,在火车上也可以用吧?如果有人告诉我们,某个物理定律只能在自己家里用,在别人家里,在火车上就用不了了,大家是不是觉得这事很奇怪?物理定律还挑地方,还挑惯性参考系,似乎不太合理。

也就是说,从内心来讲,我们还是倾向于认为麦克斯韦方程组在地面系能用,在火车系也能用,在所有的惯性系都能使用。但这样一来,我们就会遇到一个大麻烦:如果认为麦克斯韦方程组在地面系成立,那地面系就会觉得电磁波的速度为光速 c;如果认为麦克斯韦方程组在火车系也成立,那火车系也会觉得电磁波的速度是光速 c。于是,两个相对运动的参考系(地面系和火车系)就会都认为电磁波的速度是光速 c,这就天下大乱了!

为什么会乱呢?大家想想,如果在一辆 300km/h 的高铁上,列车员正以 5km/h 的速度往车头走去。这时候,火车上的人会觉得列车员的速度是 5km/h,而地面上的人却会觉得列车员的速度是 305km/h(300+5)。也就是说,在我们的认知里,对于一个正在运动的物体,从不同参考系(地面系、火车系)来观察它的速度,得到的结果应该是不一样的。面对同一个列车员,火车系觉得他的速度是 5km/h,地面系却觉得他的速度是 305km/h,大家觉得这样才是正常的。

但是,如果我们认为麦克斯韦方程组在地面系和火车系都成立,那地面系和火车系就会同时觉得电磁波的速度是光速 c,而不是像列车员那样相差了 300km/h。这样,大家就知道这个问题麻烦在哪了吧。

当列车员在火车上行走时,我们觉得火车系和地面系观察列车员的速度是不一样的,它们之间差了一个 300km/h,也就是火车相对地面的速度。但是,当列车员变成了电磁波,变成了光的时候,地面系和火车系竟然觉得电磁波的速度是相等的,都等于 c,而不是相差一个火车相对地面的速度,这太不可思议了!

为什么会发生这样的情况呢?为什么地面系和火车系都觉得电磁波的速度是光速 c,它们之间不应该是差了一个火车的速度吗?没错,这就是麦克斯韦方程组留给科学家的大难题,它跟我们传统的经验不相符,跟牛顿力学的世界观不相符,为了解决这个问题,狭义相对论就诞生了。

所以,现在再来看看狭义相对论的论文题目《论动体的电动力学》。爱因斯坦不是单独地讨论电动力学,而是讨论运动物体的电动力学,我们不仅要在地面系考虑问题,还要在运动的火车系考虑问题。当我们在两个不同的惯性系里讨论问题时,上面那个尴尬的问题(地面系和火车系都觉得电磁波的速度是光速 c)就不可避免地出现了。所以,爱因斯坦要解决这个问题,解决的方法就在这篇论文里,解决的结果,就是狭义相对论。

这样的话,大家明白从麦克斯韦方程组到狭义相对论的逻辑关系了吗?

03 | 历 史

当然，我们这样讲其实是开了上帝视角，回顾一下历史，就会发现大家并不是这么考虑的。

一开始，虽然大家也愿意相信麦克斯韦方程组在地面系和火车系应该都成立，在所有的惯性系都成立，但是，当大家发现这样做会导致"地面系和火车系测得电磁波的速度都是光速 c"这种"荒谬"结论时，他们立即就认为这条路是错的，掉头就走。于是，他们转而认为麦克斯韦方程组并不是在所有的惯性系里都成立，而只能在某个特殊参考系里才成立。

这样的话，我们就只能在这个最特殊的参考系里使用麦克斯韦方程组，并在这个最特殊的参考系里推出电磁波的方程，于是，"电磁波的速度是光速 c"自然也只能是相对这个最特殊的参考系而言的。对其他参考系来说，电磁波的速度就不是光速 c，因为麦克斯韦方程组在这些参考系里并不适用。那其他参考系里电磁波的速度是多少呢？很简单，这些参考系相对这个最特殊参考系的速度是多大，电磁波的速度就在光速 c 的基础上再加上这个相对速度，就像大家平常熟悉的速度叠加法则一样。

那么，这个最特殊的参考系会是什么呢？这个让麦克斯韦方程组唯一成立的参考系又应该长什么样呢？

它是地面系吗？肯定不是！因为放眼全宇宙，地球表面只是一个非常平凡的地方，如果麦克斯韦方程组在地面系成立，那它有什么理由在火星表面不成立？它在火车系、太阳系又凭什么不成立？所以，如果非要认为麦克斯韦方程组只能在一个参考系里成立，那这个参考系就必须是全宇宙范围内最特殊的一个，这样它才有说服力，那这个全宇宙最特殊的参考系会是什么呢？

此外，如果麦克斯韦方程组在这个最特殊的参考系有效，那么我们就能在这个最特殊的参考系里推出电磁波。而我们知道光就是一种电磁波，而在 19 世纪，人们普遍认为只要是波，就一定要有介质。水波的介质是水，声波的介质是空气，水波之所以能传到远方去，就是因为相邻的介质点（水）之间有力的作用。声波也一样，只不过声波的介质是空气，它是靠相邻空气的振动把这个波传向了远方。

同样的，我们现在认为光是一种电磁波，那肯定也会认为电磁波应该也有一种介质，它应该也和水波、声波一样（其实不一样），由相邻介质点的振动把它传出去。

那么，电磁波的介质是什么呢？我们能观察到各种光学现象，如果光是一种电磁波，那我们就可以通过对光学现象的分析来倒推这种介质的性质。比如，光可以在宇宙真空中到处传播，那这种介质就应该遍布宇宙（没有介质，波就传不出去，就看不到宇宙深处的光了），我们还可以根据光的其他性质推测出这种介质的更多性质，这里我就不说了。然后，大家把这种介质称为以太。

也就是说，大家认为光的介质是以太，宇宙深处的光之所以能穿过茫茫宇宙来到地球，就是因为遍布宇宙的以太通过相邻介质点的振动把电磁波传了过来。这个过程跟水波、声波的传播没什么区别，只不过水波的介质是水，声波的介质是空气，而光的介质是以太。

所以，如果我们认为麦克斯韦方程组只在宇宙里最特殊的一个参考系下才成立，那很显然，遍布宇宙的以太系毫无疑问就是这个最佳选择。也就是说，如果认为麦克斯韦方程组只在一个参考系下成立，那这个参考系就不能是什么地面系、火车系，而应该是以太系。麦克斯韦方程组就只在以太系里成立，在其他参考系里都不成立，在地面系、火车系使用麦克斯韦方程组都是非法的，得出的结论也是错的。

如果想计算电磁波在地面系、火车系等惯性系的速度，那就要看这些参考系相对以太系的运动速度是多少，电磁波在这些参考系里的速度就是光速 c 再加上这个相对速度。这样一来，电磁波就只在以太系是光速 c，再也不会出现地面系、火车系都觉得电磁波的速度是光速 c 这么"荒谬"的事情了，世界再一次恢复了短暂的和平。

既然这样，大家接下来肯定就要去寻找以太，要想办法弄清楚以太的性质。

04 | 以 太

于是,19 世纪的科学家们就设计了一堆实验去寻找以太,爱因斯坦在上学时也想过去设计实验寻找以太。怎么找呢?声音能在空气中传播,是因为空气是声波的介质,那如何证明周围存在空气的呢?很简单,跑一下就行,跑一下我们就能感觉到风,而风就是空气的流动。所以,只要我们跑步时能感觉到风,就能说明这里存在空气,在真空里跑步是感觉不到风的,因为真空里没有空气。

同理,现在要寻找电磁波的介质,要寻找以太,那在以太里跑一下不就可以了吗?因为如果说宇宙里都充满了以太,那大家就都泡在以太池子里,在这么大的以太池子里奔跑,自然就能感觉到以太风。

当然,科学家们稍微计算了一下就发现:如果光的介质真的是以太,那这个以太肯定非常轻盈、稀薄,以人类这点速度,跑得再快也不可能感觉到以太风。不过不要紧,人跑得慢,我们换个跑得快的东西不就行了吗?地球就跑得很快啊,它围着太阳公转,一秒钟大概能跑 30km,这够快了吧?

如果宇宙中充满了以太,那地球在这么大的以太池子里高速运动,自然就能观测到以太风,迈克尔逊-莫雷实验的大致思路就是这样。中间细节我这里就不说了,实验结果却是:压根就没找到什么以太风!

迈克尔逊-莫雷实验

这就尴尬了,不是说电磁波的介质就是以太,而且宇宙到处都是以太的吗?那为什么地球以这么高的速度在以太池里运动,竟然感受不到以太风?

迈克尔逊和莫雷想了想说,火车上也有空气,那为什么火车在高速运动时,在火车里面的人却感觉不到风呢?原因很简单,因为火车在运动时也带着火车内的空气一起运动了,于是,火车里的人就和空气相对静止了,因而感觉不到风。也就是说,有空气的地方不一定有风,我们做一个实验没发现风,并不能就说明这里没空气,也有可能是人跟空气都在以同样的速度运动,人相对空气没有运动,于是就没有风。

因此,地球在运动的时候,也有可能拖着地面附近的以太跟着它一起运动,这就是斯托克说的完全拖曳假说。迈克尔逊和莫雷做完实验以后,就转向了完全拖曳假说,也就是认为地球表面的以太被地球拖曳着也在一起运动,就像火车里的空气被火车拖着一起运动一样。这样一来,他们就认为地面附近的以太就跟着地球一起同步运动,于是它和地面仪器之间就没有了相对运动,所以迈克尔逊-莫雷实验检测不到以太风。

然而好景不长,这个完全拖曳假说很快就被证伪了。于是,迈克尔逊-莫雷实验检测不到以太风,就不能再用地面附近的以太被地球拖曳着一起走,跟地面仪器没有相对运动来解释了,那要怎么办呢?

认为以太不存在?不不不,我们现在只是没有观测到以太风,怎么就能据此说以太不存在呢?如果以太不存在,那电磁波就没有了介质,没了介质,电磁波还怎么传播?因为当时的人们都认为电磁波和水波、声波一样,都需要介质来传播,所以以太的地位还是非常坚固的。对于迈克尔逊-莫雷实验的结果,大家也只是想办法来解释为什么观测不到以太风,而不是直接说以太不存在。

经过一番思索之后,洛伦兹站了出来。他说,为什么我们没有观测到以太风呢?这是因为运动物体在它运动的方向上会缩短一定的长度,这缩短的一点儿长度,就刚好和以太风抵消了。所以,无论怎么做实验,都是不可能发现以太风的,以太风都被运动方向的长度收缩抵消了。

有人问物体的长度怎么会在运动方向上缩短呢?洛伦兹说这是完全可能的,只要我们假设组成物体的分子间的相互作用也会受到以太影响,那分子之间的距离会受到影响也是完全有可能的。

洛伦兹

至此，事情发展到这地步，以太这一路算是走到头了。

大家先是设计各种实验寻找以太，后来又想尽办法解释为什么观测不到以太风。在这一路里，做得最出色的就是洛伦兹。但是，如果想验证洛伦兹的想法，想观测运动物体分子间的距离到底有没有收缩，当时的实验水平又做不到。而且，洛伦兹的理论本身也有一些问题，但是没事，让他自己慢慢去完善吧。

05 | 相对性原理

　　这时候，一旁的爱因斯坦坐不住了。他想，你们这样千方百计地去寻找以太，去解释为什么没有发现以太风，根本原因就是你们相信电磁波跟水波、声波一样，也需要一种介质——以太。有了遍布宇宙的以太，就能让麦克斯韦方程组只在以太系里成立，这样就只能在以太系里推出电磁波，"电磁波的速度是光速 c"也只在以太系里成立。于是，就避免了"在不同惯性系里推出电磁波的速度都是光速 c"这样看起来非常荒谬的结论。

爱因斯坦

对于这个事情呢,如果真找到了以太风那就罢了,但大家找了几十年都没有发现以太风。当然,对于没有找到以太风这个事,确实可以像斯托克斯、洛伦兹那样去解释,但也可以有其他的想法啊。

大家这样折腾来折腾去,无非就是想给电磁理论找一个特殊的参考系,让麦克斯韦方程组只在这个特殊的以太系里才成立,但这就是唯一的出路吗?有没有可能麦克斯韦方程组在地面系、火车系都可以用,在所有的惯性系里都可以用,这样我们就不用去寻找特殊的以太系了。至于它产生的那个棘手的问题(地面系、火车系得到电磁波的速度都是光速 c),是否可以通过其他方式来解决?

为什么要考虑麦克斯韦方程组在所有的惯性系都成立的想法呢?

因为这种想法本身就很值得考虑,牛顿力学的定律就都是这样的。有谁听说过力学定律只能在某一个参考系里使用,在其他参考系里就不能使用了吗?没有吧。对于同一个力学现象,我们既可以在地面系使用力学定律对它进行分析,也可以在火车系对它进行分析,得到的结果也是完全一致的。也就是说,力学定律在地面系能用,在火车系也能用,它在所有的惯性系里都成立,这就是力学的相对性原理。

伽利略很早就发现了力学的相对性原理,他说:"你看啊,如果你在一艘匀速行驶(一定要匀速,这样才是惯性系)的船舱里,大家关上窗户,不看船外面的东西,那么,你能不能仅仅根据船舱内部的力学现象判断这艘船是静止的还是在匀速运动呢?如果你能区分,那就说明力学定律在静止和匀速运动的船里的形式不一样,说明力学定律不满足相对性原理;如果不能区分,那就说明力学定律在静止和匀速运动的船里的形式都一样,说明力学定律满足相对性原理。"

伽利略

为什么呢？大家想想，如果力学定律在不同的惯性系里形式不一样，比如，在静止的船里自由落体运动的定律是 $h = gt^2/2$，而在匀速运动的船里自由落体运动的定律是 $h = gt^2/3$（这里 h 代表物体的高度，t 代表物体下落的时间，这个公式表示了从高度为 h 的地方下落到地面需要的时间为 t）。那么，如果我们在静止和匀速运动的船里分别让一个小球从 1m 高的地方自由下落，由于这两个惯性系里自由落体运动的公式不一样，那小球下落的时间就会不一样，我们就会觉得一个小球下落得快一些，另一个下落得慢一些，这样自然就能区分这两个惯性系了。但是，如果无论是在静止的船里，还是在匀速运动的船里，自由落体运动的公式都是一样的，那小球在这两个参考系的下落轨迹就会一模一样，这样就无法区分它们了。

于是，我们就把力学定律在不同惯性系的形式是否一样，把力学定律是否满足相对性原理，转变为我们能否通过力学现象区分两个惯性系了。然后我们继续思考，在一艘匀速行驶的船舱里，如果不看外面的情况，我们能根据船舱里的情况区分船到底是静止还是匀速运动的吗？

伽利略说，根据经验，我们确实不能，在匀速运动的船舱里感觉到的一切力学现象，都会跟船是静止的一样。在匀速运动的船里,鱼缸里的金鱼还是均匀分布,不会挤到船尾处;如果船上有一个东西在滴水,水滴还是会滴到它的正下方,不会往船尾偏离;在船上拍皮球,球也不会拍着拍着就朝船尾跑。总之,伽利略让我们想象,在匀速运动的船舱里感觉到的一切力学现象,都应该跟平常一样,跟船是静止的时候一样。

伽利略当时费这么大劲去论证这些事,有他的历史原因。换到现在,我们大概会觉得这些都是废话,因为这些都是非常显而易见的事情。最简单的一个例子就是:我们待在家里没动,觉得一切都是静止的,但我们都知道地球在不断自转、公转。所以,地球明明在运动,但我们待在家里却感觉不到地球的运动,这就说明我们压根无法通过房间的力学现象区分地球到底是静止的还是在匀速运动(地球自转、公转可以近似看作匀速运动)。这跟伽利略的例子是一样的,把地球当作一个大号的船。

但是,在伽利略的时代,占据主流的还是地心说,大家普遍认为地球是静止的。伽利略之所以费尽心力地通过大船来说明力学定律满足相对性原理,一个重要的原因就是要利用它来给地球是运动的做辩护,给哥白尼的日心说做辩护。所以,在那时候,我们还不能用地球来举例子。

06 | 狭义相对论

　　因此,力学定律满足相对性原理,力学定律在地面系、火车系,在所有的惯性系都能用,这是大家早就接受了的。那么,为什么到了电磁定律这里,到了麦克斯韦方程组这里就不接受了呢? 难道说,我们没法通过力学现象区分大船是静止的还是匀速运动的,通过电磁现象就能区分了? 难道同样的电磁实验,在地面上做还是火车上做,得到的结论会不一样? 如果力学定律对所有的惯性系都平权,满足相对性原理,那电磁定律为什么不能呢?

　　这些质问非常有道理,我们似乎也有充足的理由把相对性原理从力学定律推广到电磁定律。但是,仅靠力学现象的这种类比还是不够的,爱因斯坦还深入分析了电磁感应实验,并认为这就是电磁现象也满足相对性原理的铁证。此外,他还深入分析了牛顿对绝对空间的论证,以及马赫对牛顿的批判,最终使他坚信不存在绝对运动,不存在一个特殊的惯性参考系。

　　通过各种各样的分析和思考,爱因斯坦最终坚信相对性原理不仅对力学定律有效,对电磁定律也有效。不仅是牛顿力学的定律在各个惯性系都能使用,麦克斯韦方程组在各个惯性系也可以使用。这样一来,对爱因斯坦来说,麦克斯韦方程组就不仅仅在地面系有效,在火车系也有效了,这同时也意味着,他会面临"地面系和火车系都觉得电磁波的速度是光速 c "这样看起来非常荒谬的结论。

爱因斯坦

但是,爱因斯坦有太多理由坚信电磁理论也满足相对性原理,他是不会再退回去考虑"让麦克斯韦方程组只在一个特殊的以太系成立"这种情况了。那么,他现在要做的是直面这个问题:如果让麦克斯韦方程组满足相对性原理是这么自然的一件事,那为什么它会导致"地面系、火车系觉得电磁波的速度都是光速 c "这样荒谬的事情呢?

这个问题把爱因斯坦折磨得死去活来的,他写道:"为什么这两件事情彼此矛盾,我感到这个问题难以解决。我怀着修正洛伦兹某些思想的希望,差不多考虑了一年,毫无结果。这时候我才认识到,它真的是一个难解之谜。"也就是说,爱因斯坦花了整整一年时间去思考这个问题,但没有任何结果。

在一个阳光明媚的日子,爱因斯坦去拜访了好友兼同事贝索。他们就这个问题讨论了很多,然后爱因斯坦突然就明白了。第二天爱因斯坦又去看贝索,开口就说:"太感谢你了!我已经完全解决这个问题了。"解决这个问题的 5 周以后(注意爱因斯坦当时在专利局上班,他只能用业余时间写论文),爱因斯坦就发表了划时代的论文《论动体的电动力学》,历史从此进入了狭义相对论的时代。

也就是说,爱因斯坦认为麦克斯韦方程组在地面系、火车系都成立,电磁定律跟力学定律一样,也都满足相对性原理。只是,爱因斯坦敏锐地注意到了一个东西,然后利用它消除了"电磁波在不同惯性系下都是光速 c"这件事情的尴尬,他成功地调和了看似矛盾的两者。

那么,他到底是怎么做到的呢? 他到底是如何既让麦克斯韦方程组在所有的惯性系里都成立,同时又解决了它跟"不同惯性系里电磁波的速度都是光速 c"之间的冲突的呢?

这里就不细说了,也没法展开细说,我在另一本书《什么是相对论》里对此做了非常详尽的叙述。在这里主要就是先把这个点出来,让大家知道麦克斯韦方程组会带来什么问题,让大家知道电动力学和狭义相对论到底有什么关系。大家不妨自己去思考一下这个问题,就当是重走一下爱因斯坦当年的道路,如果大家能自己把狭义相对论想出来,那比单独知道一个答案肯定是有意义多了。实在想不通了,再去看看我的《什么是相对论》,看看爱因斯坦当初是怎么处理的也不迟。

最后,给一点提示吧。问题的关键,就出在我们习以为常的"时间"上,只要我们还是像牛顿物理学那样思考时间,那这个问题就是无法解决的。说得再明白一点,在牛顿力学里,时间和空间都是绝对的,所有的参考系都共用同一个时间,仿佛全宇宙都共用同一个时钟,所以叫绝对时间。而爱因斯坦当时是瑞士专利局的一个小职员,瑞士又是钟表王国,当时火车也刚刚兴起,各个火车站之间的时间同步是一个大问题,于是爱因斯坦会经常审查一些关于时间校准的专利,所以他对时间问题非常敏锐,并最后从时间这里找到了问题的突破口。

也就是说，如果想让麦克斯韦方程组在地面系、火车系，在所有的惯性系都能适用，必然就能在所有的惯性系里利用麦克斯韦方程组推出电磁波的速度都是光速 c，而如果想让“所有惯性系里电磁波的速度都是光速 c”变得正常，那就必须从牛顿的绝对时间入手。

祝你好运！

扩展阅读二

一个有趣的小问题

电动力学本身就是一个相对论性的理论,因此,只要足够小心,在学习电动力学的过程中就会发现一些有趣的现象,它们已经包含了狭义相对论的种子。在这里,我给大家举一个简单的小例子。

　　如果在运动的火车上放一个静止的电荷,对火车系来说,这就是一个静止的电荷,它会在周围产生一个静电场。但对地面系来说,火车上的电荷是在运动的,而运动的电荷会在周围产生磁场。这么一来,火车上的人会觉得这里只有一个静电场,没有磁场,拿一个小磁针在这里测量,小磁针也不会偏转;而地面上的人却会觉得这里有磁场,拿小磁针来测量,小磁针会偏转。

　　火车上的人觉得没有磁场,小磁针不会偏转;地面上的人觉得运动电荷产生了磁场,小磁针会偏转。那你觉得他们谁说得对?这里究竟有没有磁场?

参 考 文 献

[1] 格里菲斯. 电动力学导论[M]. 贾瑜, 胡行, 孙强, 译. 北京: 机械工业出版社, 2013.
[2] 梁灿彬. 电磁学[M]. 北京: 高等教育出版社, 2004.
[3] 郭硕鸿. 电动力学[M]. 北京: 高等教育出版社, 2008.
[4] 弗雷希. 麦克斯韦方程直观[M]. 唐璐, 刘波峰, 译. 北京: 机械工业出版社, 2013.
[5] 斯彻. 散度、旋度、梯度释义[M]. 李维伟, 等译. 北京: 机械工业出版社, 2015.
[6] 周兆平. 电磁学集大成者麦克斯韦[M]. 合肥: 安徽人民出版社, 2016.
[7] 郭奕玲, 沈慧君. 物理学史[M]. 北京: 清华大学出版社, 2005.

后　记

其实,我一开始并没有打算写麦克斯韦方程组,我打算写的是相对论。但是,当我仔细去梳理相对论的历史,去看看爱因斯坦到底是如何创建了狭义相对论的时候,我发现电动力学的作用太关键了。

以前,很多科普书和教材都是从迈克尔逊-莫雷实验开始讲相对论的,并且说正是因为迈克尔逊-莫雷实验证明了以太不存在(这个结论是错的,这个实验得不出这样的结论,迈克尔逊和莫雷也没有这样认为),爱因斯坦才提出了光速不变和相对性原理,然后创立了狭义相对论。

这一度让我认为爱因斯坦创建狭义相对论的过程,跟许多科学家发现新定律一样,都是发现旧理论无法解释某个实验现象,然后大家对实验穷追猛打,最后发现了新理论。但后来发现压根就不是这么回事,爱因斯坦把狭义相对论的论文取名为《论动体的电动力学》,就是想去调和牛顿力学和麦克斯韦电磁理论之间的矛盾,这种矛盾非常直接地体现在"如果让麦克斯韦方程组满足相对性原理,那不同惯性系里电磁波的速度就都是光速 c"这个结论上。

爱因斯坦费了好大的劲,终于调和了牛顿力学和麦克斯韦电磁理论之间的矛盾,最后得到了狭义相对论。在狭义相对论里,力学定律和电磁定律都满足相对性原理,它们在所有的惯性系里成立,而"不同惯性系里电磁波的速度都是光速 c"也变成了狭义相对论里非常自然的一个结论。爱因斯坦创立狭义相对论的思路,绝不是像许多科普书那样说的,是由迈克尔逊-莫雷实验逼出来的,真实情况要复杂得多。

所以，如果我们想彻底搞清楚爱因斯坦创立狭义相对论的动机和过程，就必须知道牛顿力学和麦克斯韦的电磁理论之间的矛盾。所以，我要在这里给大家科普麦克斯韦方程组，让大家看看电磁波是如何推出来的，看看它又会带来什么新问题。这样，大家才会清楚在狭义相对论诞生的前夜，物理世界到底发生了什么。

　　另外，我尽力把麦克斯韦方程组说清楚，尽力把电磁理论和牛顿力学之间的矛盾说清楚，尽力把爱因斯坦解决这个矛盾的思路，进而创立狭义相对论的过程也说清楚，也是为了让未来的物理学家们在思考量子力学和广义相对论的矛盾时能有个参考。

　　牛顿力学和麦克斯韦电磁理论在各自领域都工作良好，但把它们一结合起来就会出问题，把这个问题解决之后就诞生了狭义相对论。同样的，现在的量子力学和广义相对论也是在各自领域工作良好，但一结合起来就会出问题，那么把量子力学和广义相对论的矛盾解决之后，又会诞生什么样的新理论呢？我想，熟悉爱因斯坦创立狭义相对论的过程，对解决这个问题应该是有帮助的。

　　我们现在也非常好奇，如果爱因斯坦还在世，以他敏锐的洞察力，他会如何看待现在量子力学和广义相对论之间的矛盾？有人说爱因斯坦后半辈子一直都在做统一场论，而且失败了，他还能怎么看？

　　话不是这么说的，爱因斯坦做统一场论的时间还太早了，当时人们掌握的信息太少了，大家对量子理论的了解也太少了。时至今日，量子力学的面貌已经发生了翻天覆地的变化。爱因斯坦没能看到标准模型的建立，没能看到量子信息、量子光学等领域的发展，也没能看到贝尔不等式，没能看到埃弗雷特的多世界理论以及后面的退相干理论。而随着宇宙学、天体物理的发展，广义相对论领域也发生了深刻的变化，爱因斯坦没能看到霍金辐射，没能看到热力学、拓扑的引入，也没能看到量子引力领域的最新进展。

总之就是，我们如今对量子力学和广义相对论的理解，比 20 世纪三四十年代多太多了，我们掌握的信息也比之前多太多了。我们在很多领域都发现了一些很重要的东西，但它们又显得很凌乱，很难把它们在一个全新的框架内串起来。然而，从纷杂信息里找到问题的关键，从平凡巧合里看到不平凡的思想，这正是爱因斯坦的强项，他有着非常强的物理直觉，有极深刻的物理洞察力。

在狭义相对论诞生前夕，物理世界也是各种线索满天飞，但爱因斯坦却能在那满天乱飞的线索里找到真正关键的东西，然后把它们像珍珠一样串起来。所以，我会尽力把这些事情的来龙去脉都说清楚，希望大家也能学习到一些爱因斯坦处理问题的方法。

当然，你也可以把麦克斯韦方程组当作完全独立的东西来看，毕竟它在电气、通信等领域都是非常重要的存在。很多人都知道麦克斯韦方程组非常重要，但它毕竟是一组微分方程，不像 $E = mc^2$ 和 $F = ma$ 这样简单直白，理解起来还是有一定难度的。所以，为了让更多人看懂麦克斯韦方程组，为了让中学生们也能理解麦克斯韦方程组的美，我还是尽力把它写得通俗、通俗、再通俗，希望大家以后不会再对它望而生畏。